EXAFS 분광학의 이해

양동석 지음

KSi 한국학술정보[주]

투과력이 높은 X선은 1895년 독일의 뢴트겐에 의해 발견된 후 의료 진단용으로 많이 이용되어 왔다. X선 회절은 1912년 라우에의 예측에 의해 발견되었고, 1913년 브래그에 의해 결정의 구조를 분석하는 방법이 개발되어 결정 구조 연구에 많이 이용되고 있다. 결정성이 없는 재료의 구조는 X선 회절 분석법을 사용할 수 없기 때문에 전자, 중성자, X선 산란을 이용한다. 그러나 이와 같은 산란 분석법들은 측정이나 분석 등의 어려움으로 인하여 비정질 재료의 분석에는 여전히 많은 어려움이 남아 있었다. Extended X-ray Absorption Fine Structure(EXAFS) 분석법은 물질의 국부구조 특히 비결정질 재료의 구조를 분석하는 기술로 1971년 미국에서 처음 개발되었다. 그러나 오늘날 EXAFS 분석은 비결정질 재료뿐 아니라 결정질, 분자, 촉매 등 다양한 재료의 구조 분석에 이용되고 있으며 1970년대 방사광 가속기(Synchrotron)의 출현은 EXAFS 분야의 발전을 가속화시켰다.

우리나라에서는 1994년 포항 방사광 가속기가 건설되었고, 1996년부터 EXAFS 이용자들이 방사광 이용을 시작하면서 EXAFS에 관한 연구가 매우 활발하게 되었다. 그러나 대부분의 EXAFS 빔라인 이용자들이 대학원 학생들이거나 또는 EXAFS 분석에 경험이 부족한 연구자들이어서 EXAFS 이용에 많은 어려움을 겪고 있다. EXAFS 원리는 외국에서 출판된 서적에서 또는 다양한 Web문서에서 소개되고 있으나 학생들이 이해하기에는 여전히 많은 어려움이 있다. 이와 같이 어려움을 겪는 이들에게 조금이나마 도움이 되도록 하기 위하여 본 도서를 집필하게 되었다.

　1장과 2장은 X선의 특성 및 EXAFS에 관한 일반적인 소개로 EXAFS를 이용하여 단순히 미세구조를 분석하고자 하는 이용자들에게 도움이 되도록 하였다. 일반 물리학이나 일반 화학을 공부한 학생이면 이해할 수 있을 것이다. 3장은 미세구조의 변화에 따른 물리 현상을 분석하도록 하기 위한 것으로 표준 EXAFS 분석에서는 다소 벗어난 내용이 포함되어 있다. 현대물리학이나 고체물리학을 공부하면 도움이 될 것이다. 4장은 EXAFS 방정식을 이론적으로 유도한 것을 소개한 것으로 EXAFS에 관한 정확한 이해를 하는 데 도움이 될 것이다. 양자역학을 공부한 학생들에게 도움이 될 것으로 생각된다. 5장은 EXAFS 분석의 활용 예를 몇 가지 수록하였다. EXAFS는 폭넓게 활용되고 있으므로 독자들이 활용 예를 직접 찾아보는 것이 더 흥미로울 것이다.

　끝으로 원고정리를 위하여 수고한 2학년 학생들과 수찬, 수현에게 고마운 마음을 전하며, 본 원고가 단정한 책으로 출간될 수 있도록 협조해 주신 한국학술정보(주) 채종준 사장님과 출판사 관계자들께 감사드린다.

2009년 7월

제1장

X선과 물질의 상호작용

1

X선의 발생

X선은 1895년 독일의 물리학자 뢴트겐이 음극선 실험을 하던 중 우연히 발견되어 의학을 비롯한 다양한 분야의 비파괴 분석에 사용되어 왔고, 인류의 기술 발전에 지대한 공헌을 하고 있다. 이 공로로 뢴트겐은 1901년 처음으로 노벨 물리학상을 받았다. X선의 파장은 일반적으로 0.01~100A 범위에 있고 파장이 긴 영역을 연 X선(soft X-ray), 짧은 영역을 경 X선(hard X-ray)으로 구분한다. 방사광이 출현하기 이전에 X선을 발생시키는 방법으로는 제동복사(bremsstrahlung)와 전자전이에 의한 특성 X선 발생 방법이 있다.

1) 제동복사

제동복사는 <그림 1.1.1>에서 보이는 바와 같이 아주 빠르게 가속된 전자를 금속표면에 부딪쳐 발생시키는 것으로, 가속된 전자가 금속표면에 부딪치면 전자는 감속하게 되고 전자의 감속에 의한 제동복사가 발생한다. 이때 발생하는 전자기파가 X선이며 발생된 X선의 파장은 <그림 1.1.2>에 보인 바와 같이 넓은 에너지 영역의 연속 스펙트럼을 형성한다.

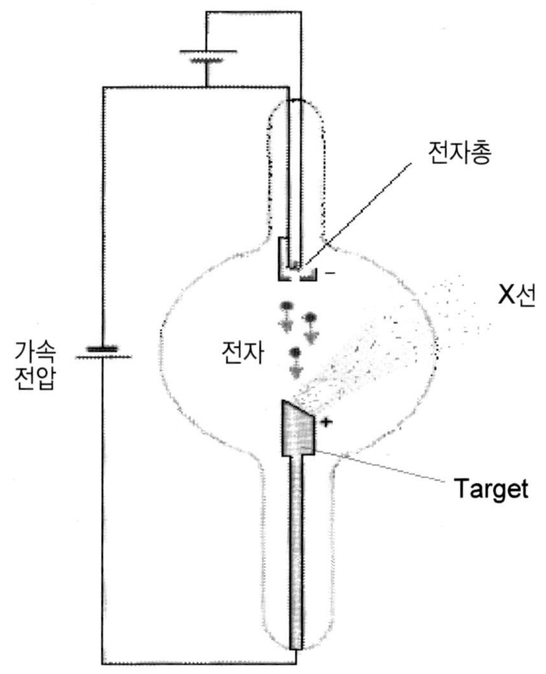

〈그림 1.1.1〉 제동복사에 의한 **X**선 발생

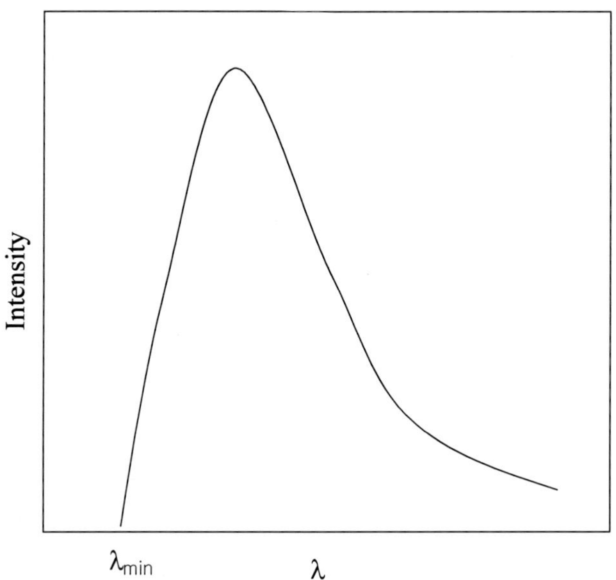

〈그림 1.1.2〉 제동복사에 의해 발생된 **X**선의 스펙트럼

제동복사에 의해 발생되는 X선의 최소 파장은 가속된 전자의 최대 에너지에 따라 결정되고 전자의 최대 에너지는 곧 가속전압에 전자의 전하량을 곱한 것과 같다. 따라서 X선의 파장은 듀앤 - 헌트(Duane - Hunt) 법칙

$$\lambda_{\min} = \frac{hc}{eV} = \frac{12398}{V}(\text{m}) \quad \dots\dots\dots\dots\dots\dots\dots\dots\dots\dots\dots\dots(1.1.1)$$

으로 구할 수 있다. 여기서 h는 플랑크상수, c는 광속도, e는 전자의 전하량, V는 전자의 가속 전압이다. 예를 들면 가속전압이 50KV인 X선 발생장치에서 나오는 X선이 최소파장은 $\lambda_{\min} = 0.0248nm$이다.

제동복사에서 발생되는 X선의 강도는 1923년 Kramers에 의해

$$I_\lambda = Cc^2 Z \frac{\lambda - \lambda_{\min}}{\lambda^3 \lambda_{\min}} \quad \dots\dots\dots\dots\dots\dots\dots\dots\dots\dots\dots\dots(1.1.2)$$

으로 유도되었다. 여기서 C는 원자의 종류에 관계된 값이고, c는 광속도, λ는 X선의 파장, $\lambda_{\min}$은 제동복사에서 X선의 최소 파장이다.

2) 특성 X선 발생

특성 X선은 구리, 텅스텐, 백금 등의 중금속을 구성하는 원자에서 형광빛을 발생하는 것과 같은 방법으로 발생하는 것이다. 원자의 안정된 궤도에 있던 전자들이 충분한 에너지를 받으면 외각으로 여기한 후 다시 제자리로 돌아오면서 전자기파를 발생시킨다. 이 전자기파의 파장이 X선 영역일 때 이 전자기파를 특성 X선이라고 한다. 따라서 특성 X선은 제동복사에 의한 X선과는 달리 선 스펙트럼을 형성한다. 일반적으로 특성 X선은 제동복사장치에서 가속 전압이 클 때 방출되며 이때 스펙트럼은 제동복사에 의한 X선

의 세기에 특성 X선의 세기가 더해져 <그림 1.1.3>과 같은 스펙트럼을 형
성한다. 원자핵 주위를 도는 전자의 양자상태는 주양자수 n, 부양자수 l, 자기
양자수 m으로 나타내며, 주양자수에 따라 n = 1이면 K각(K shell), n = 2이
면 L각(L shell), n = 3이면 M각(M shell)으로 나타낸다. <그림 1.1.4>에서
보인 바와 같이 L각에서 K각으로 전이할 때 발생하는 X선을 K_α, M각에서
K각으로 전이할 때 발생하는 X선을 K_β 라 한다. 전기 쌍극자 선택규칙을
만족하는 전이 중에서 에너지 차이가 큰 순으로 1, 2의 첨자로 나타낸다.

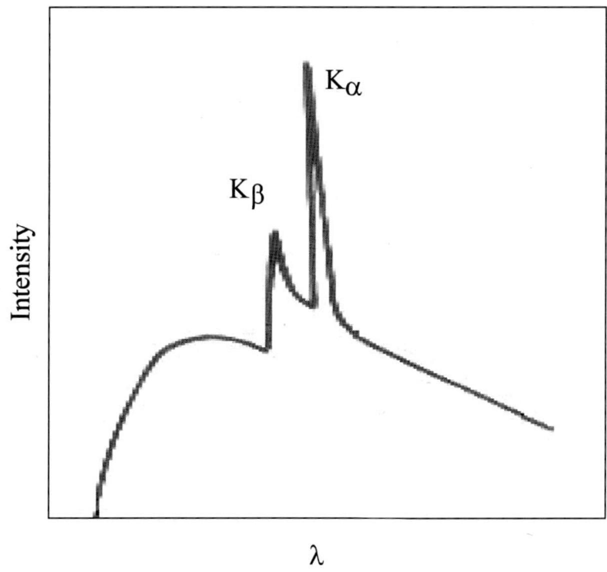

〈그림 1.1.3〉 특성 X선 스펙트럼

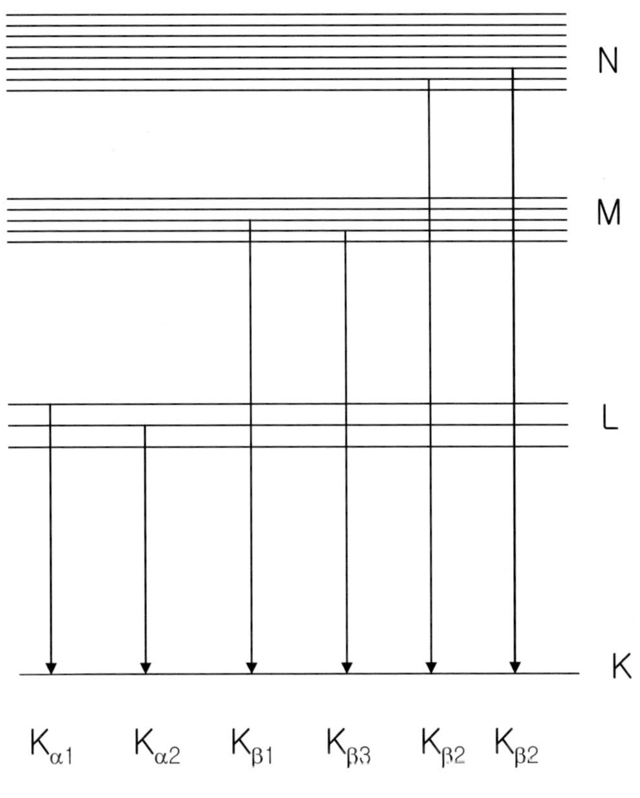

〈그림 1.1.4〉 선택 규칙에 의한 전자전이

3) 방사광 가속기에 의한 X선 발생

방사광 가속기(Synchrotron)에 의한 X선 발생 원리는 기본적으로 제동복사의 원리와 유사하다. 차이점은 전자를 가속하는 가속 전압이 매우 높은 것과 전자의 진로를 휘도록 하기 위하여 전자석을 이용하는 것이다. 보통 X선관(X - ray tube)에서의 가속 전압은 15~50KV이나 방사광 가속기의 경우 수 GV로 X선관의 수백 배에 달한다. 따라서 방사광 가속기에서 발생되는 X선의 최소 파장은 적어도 X선관에서 발생되는 제동복사 X선 파장의 수백 배 짧아짐을 알 수 있다. 또한 제동복사에서와 마찬가지로 방사광 가속기에 의한 X선의 세기는 최소 파장에 역비례하므로 X선관에 의한 X선의 세기 수

백 배 이상이 됨을 알 수 있다.

방사광 가속기는 기본적으로 전자총, 선형가속기, 저장링, 빔라인으로 구성되어 있다. 전자총에서 발생된 전자는 선형가속기에서 원하는 만큼의 에너지를 가지는 전자로 가속된다. 가속된 전자는 초고진공의 원형 저장링으로 입사된다. 저장링은 <그림 1.1.5>에서 보이는 것과 같이 입사부, 고주파 공명장치, 전자석, 삽입장치 등으로 구성된다.

저장링에 충분한 전자가 축적되면 입사를 멈추고 전자를 원형관 내에서 회전시키며 방사광을 발생시킨다. 고주파 공명장치는 전자가 방사광 방사로 잃은 에너지만큼을 보충해 주어 전자가 오랜 시간 동안 일정한 에너지를 유지하면서 원형관을 따라서 돌도록 한다. 전자석은 <그림 1.1.6>에서 보이는 바와 같이 2극 전자석, 4극 전자석, 6극 전자석이 있다. 2극 전자석은 Lorentz힘을 이용하여 전자의 진로가 휘도록 하고, 4극 전자석은 2극 전자석을 통과한 전자들이 흩어지지 않도록 집속하는 역할을 하고, 6극 전자석은 에너지가 달라진 전자들이 원래의 에너지로 되돌아가도록 한다.

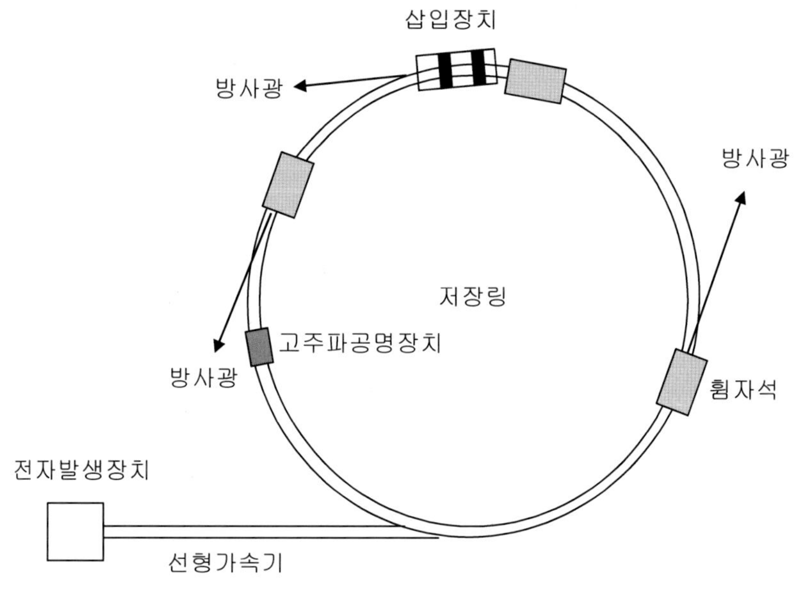

〈그림 1.1.5〉 저장링의 구조

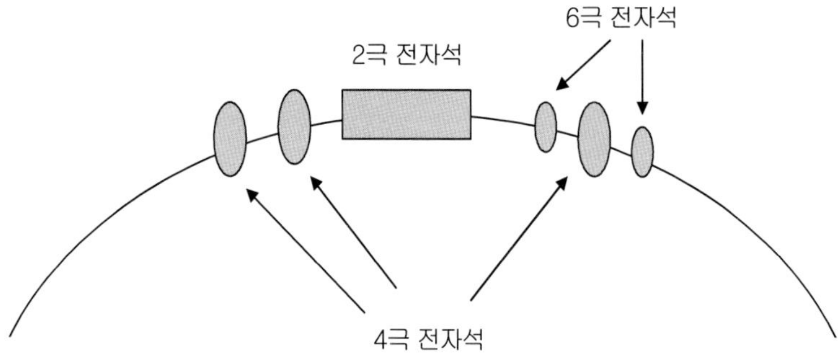

〈그림 1.1.6〉 저장링에 설치된 전자석

　삽입 장치(insertion device)는 <그림 1.1.7>에서 보이는 바와 같이 주기적으로 N극과 S극이 배열되어 있어서 전자가 이 장치를 통과하는 동안 여러 차례 S자형 궤도를 지난다. 이때 전자는 더 많은 가속을 받게 되고 결과적으로 더 많은 방사광을 발생시킨다. 삽입장치에는 위글러(Wiggler)와 은둘레이터(Undulator)가 있으며 위글러는 단순히 방사광을 더 많이 발생시켜 방사광의 세기를 증가시키는 반면 은둘레이터는 삽입상지에서 발생하는 방사광이 보강간섭을 하도록 자석의 배열을 조절하여 결국 방사광의 세기를 증가시키는 장치이다. 은둘레이터를 이용한 방사광의 세기는 위글러를 사용한 경우보다 수백 배 이상의 세기를 얻을 수 있으나 방사광의 보간 간섭을 이용하는 만큼 활용할 수 있는 방사광의 파장이 제한적이다.

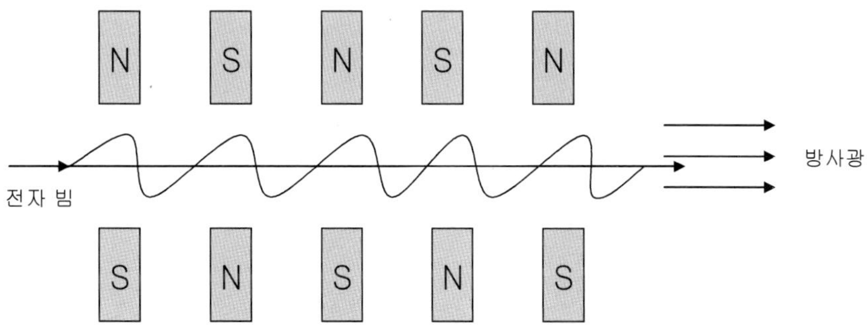

〈그림 1.1.7〉 삽입장치(insertion device)

<그림 1.1.8>은 방사광 가속기의 휨자석, 위글러, 은둘레이터에 의한 방사광의 세기를 비교하여 나타낸 것이다. <그림 1.1.8>에서 보이는 바와 같이 휨자석에 의한 방사광의 세기는 지구에서 느끼는 태양빛의 세기보다 적어도 수배에서 수십만 배 세고 위글러에서 방출되는 방사광의 휨자석에 의한 것보다 100배 정도 더 강하며 은둘레이터에서 발생되는 방사광은 위글러에서 발생되는 방사광보다 100배 이상 강해질 수 있음을 알 수 있다.

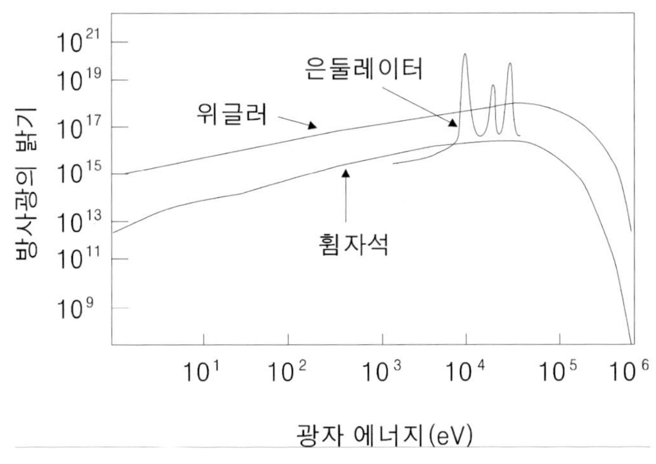

〈그림 1.1.8〉 방사광 가속기의 휨자석, 위글러, 은둘레이터에 의한 방사광 세기의 비교

이상에서 살펴본 방사광의 특성은 첫째, 원적외선 파장의 X선에서 파장이 아주 짧은 경 X선의 파장까지 연속적인 파장을 발생시키는 광역의 스펙트럼을 제공한다는 것과, 둘째, 단위 면적당 광선의 세기가 실험실 X선보다 적게는 수십 배에서 많게는 수백만 배 이상인 고강도 X선을 제공하며, 셋째, 간섭성이 좋은 고간섭성 X선을 제공하며, 넷째, 방사광의 부분에 따라 선편광, 또는 원형편광이 좋은 X선을 제공한다는 것이다. <부록 2>에서 보는 바와 같이 방사광 가속기는 전 세계적으로 유럽연합에 ESRF(가속전압 6GV), 일본에 Spring−8(가속전압 8GV), 미국에 APS(가속전압 7GV)의 제3세대 가속기가 있고, 이보다 규모가 작은 방사광은 미국, 일본, 영국, 프랑스, 독일 등에 많이 분포하고 있으며 우리나라에는 포항에 PLS(가속 전압 2.5GV)가 운영 중에 있다.

4) XFEL에 의한 X선 발생장치

제3세대 방사광 가속기보다 더 강력한 X선을 발생시키는 제4세대 X선원으로 XFEL(X - ray Free Electron Laser)이 있다. XFEL은 미국, 유럽, 일본을 중심으로 건설 중에 있으며, XFEL의 원리는 기존의 방사광 가속기의 삽입장치를 개선하여 강력한 X선을 발생시키는 것으로 선형 가속기에 대형 삽입장치를 부착한 형태이다. <그림 1.1.9>는 XFEL의 밝기와 방사광의 밝기를 비교한 것이다. <그림 1.1.9>에서 보이는 바와 같이 XFEL의 강도는 은둘레이터에 의한 X선 밝기의 10^4배~10^8배이다.

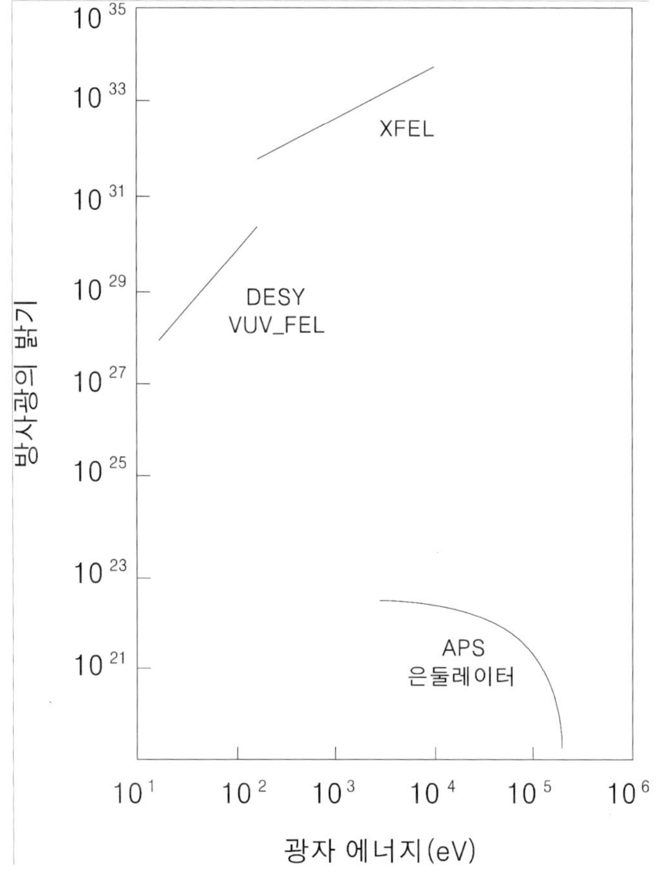

〈그림 1.1.9〉 XFEL의 밝기 비교

2

X선의 산란

X선의 산란은 물질 내의 전자나 원자에 의해 산란된다. X선의 산란은 X선의 전기장에 의해 전자들이 진동하고 이 전자들의 진동에 의해 다시 X선을 발생시키는 과정으로 볼 수 있다. X선이 자유전자에 의해 산란되는 것을 J. J. Thomson이 처음 설명하였고, 자유전자의 X선 탄성 산란을 Thomson 산란이라 한다. 전자로부터 산란에서, 전자로부터 거리가 R이고 입사 전기장의 방향과 산란 방향이 이루는 각이 ϕ인 점에서 산란된 X선의 세기는

$$I_s = \frac{r_e^2}{R^2} I_0 \sin^2 \phi \quad\text{..(1.2.1)}$$

로 주어진다. 여기서

$$r_e = \frac{e^2}{4\pi\epsilon_0 m_e c^2} \quad\text{..(1.2.2)}$$

이며 고전적 전자 반경으로 $r_e = 2.82 \times 10^{15} \mathrm{m}$의 값을 갖는다. 입사한 X선의 세기와 산란된 입사선의 세기의 비를 산란 단면적으로 나타낸다. Thomsom 산란의 산란 단면적은

$$\sigma_T = r_e^2 \int_0^\pi \sin^2\phi \, d\Omega \quad \dots\dots\dots\dots\dots\dots\dots\dots\dots\dots\dots\dots\dots\dots\dots(1.2.3)$$

로 계산되며 $d\Omega = 2\pi \sin\phi \, d\phi$이고, 계산된 전자의 산란 단면적의 크기는 $6.65 \times 10^{-29} \, \text{m}^2$이다. 이것은 X선이 전자에 의해 산란되는 확률이 매우 작음을 나타낸다. X선이 느슨하게 구속된 자유전자로부터 산란할 때 비탄성산란(Compton scattering)이라 한다. 비탄성산란에 의한 새로운 X선의 에너지 E'는 콤프턴 효과로 계산되며

$$E' = E_0 \cfrac{1}{1 + \cfrac{E_0}{mc^2}(1 - \cos\phi)} \quad \dots\dots\dots\dots\dots\dots\dots\dots\dots\dots\dots\dots(1.2.4)$$

이다. 여기서 E_0는 입사된 X선의 에너지, m은 전자질량, c는 광속도, ϕ는 산란각이다.

X선은 원자에 구속된 전자들에 의해서도 산란하게 된다. 원자에 있는 전자들은 원자에 단단히 묶여 있기 때문에 X선이 원자에 구속된 전자들로부터 산란될 때 탄성산란(Rayleigh scattering)이라 한다. 원자 내의 한 점을 기준으로 정하고 원점으로부터 r만큼 떨어진 점에서의 전자밀도를 $\rho(r)$로 나타낸다. <그림 1.2.1>에 보인 바와 같이 입사 X선과 산란 X선 방향으로의 파수벡터를 각각 k_0와 k'이라 하자. 점 r에 있는 전자에 의한 산란파는 원점으로부터의 산란파보다 $\vec{k}' \cdot \vec{r} - \vec{k_o} \cdot \vec{r}$만큼 경로차를 가지게 된다. 이때 k_0와 k'의 크기는 같으므로 산란 전후 두 파의 위상차는 $\Delta\vec{k} \cdot \vec{r}$만큼 발생한다. 점 r에 있는 미소체적 dV에 있는 전자의 전하량은 ρdV이므로 산란파의 진폭은 $\rho e^{-i\Delta\vec{k} \cdot \vec{r}} dV$에 비례한다. 따라서 이 원자로부터 산란되는 X선의 원자 산란인자(atomic scattering factor)는

$$f = \int \rho e^{-i\Delta \vec{k} \cdot \vec{r}} dV \quad\text{...(1.2.5)}$$

로 주어진다.

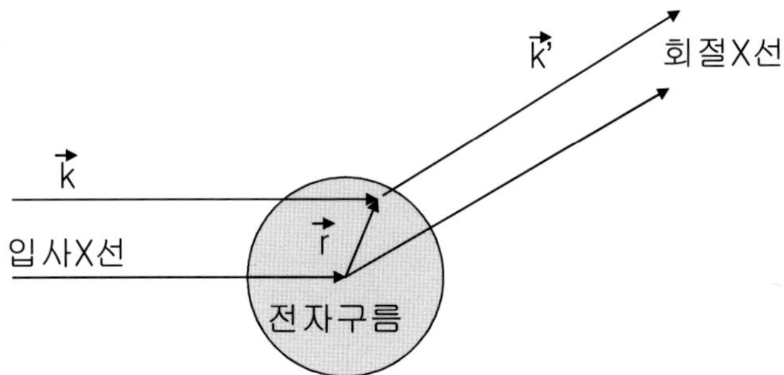

〈그림 1.2.1〉 X선의 산란

3

X선의 회절

일반적으로 회절현상은 얇은 틈을 가간섭 광(coherent light)이 지날 때 효과적으로 나타난다. 하가(H. Haga)와 윈드(C. H. Wind)가 1903년에 쐐기모양의 슬릿으로부터 X선의 회절 현상을 처음 관측하였고, 라우에(M. von Laue)의 이론적 예측에 따라 1912년 프리드리히(W. Friedrich)와 니핑(P Knipping)이 결정에 의한 회절반점을 관측하였다. X선이 결정에 투사될 때 나타나는 회절 효과는 결정격지를 구성하는 원자 내부의 전사로부터 산란되는 X선들의 간섭효과로 설명된다. X선이 결정격자에 투사되면 격자 원자 내부의 전자로부터 산란하게 되는데 이들 중 위상이 같게 산란되는 파들이 서로 간섭효과를 나타내어 회절무늬를 형성하게 된다. 결정에 의한 회절무늬를 분석하여 결정의 구조를 연구하는 방법은 1913년 아들 브래그(W. L. Bragg)와 함께 아버지 브래그(W. H. Bragg)가 개발하였고 아들과 함께 1915년 노벨상을 수상하였다. <그림 1.3.1> (a)는 소금결정 격자를 그림으로 나타낸 것이고, (b)는 소금 결정으로부터 얻은 회절무늬를 나타낸 것이다. 회절무늬가 많은 점(라우에 반점)들로 구성되어 있음을 볼 수 있다.

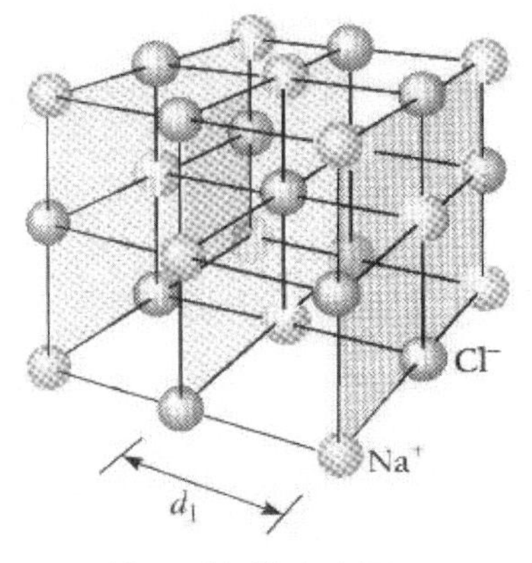

(a) 소금(NaCl)의 결정구조　　　　　(b) Laue pattern

〈그림 1.3.1〉 소금의 결정구조와 Laue pattern

　　Bragg는 결정으로부터 X선 회절현상을 쉽게 설명하기 위해 <그림 1.3.2>와 같이 동일 위상으로 d만큼 떨어진 결정면에 입사된 X선이 각 결정면으로부터 반사하여 간섭하여 회절무늬가 형성되는 것으로 설명하였다. 이때 결정면을 Bragg면이라고 한다. 결정에서 반사되어 회절무늬를 형성하는 것은 엄연히 결정격자에서 산란되어 나온 X선들의 회절효과이나 이 경우 X선이 결정면에서 반사되어 나온 것과 유사한 효과가 있고 회절 현상을 설명하기에 적절하므로 이것을 Bragg법칙으로 설명하고 있다. 두 결정면에서 나온 X선이 보강되는 조건은 <그림 1.3.2>에서 보인 바와 같이 경로차가 파장의 정수 배가 되는 조건이기 때문에 Bragg 법칙은

$$2d\sin\theta = m\lambda \quad\text{...(1.3.1)}$$

이다. 여기서 λ는 X선의 파장, d는 결정면 사이의 거리, θ는 결정면으로부터 입사되는 X선의 각도, m은 차수이다.

　　결정의 구조를 분석하기 위한 방법으로 X선 분말회절법을 많이 이용하고 있다. 결정을 분말로 만들면 X선의 입사 방향에서 다양한 결정면에 입사할

수 있어서 회절면에서 각도를 변화시켜 가며 회절되는 X선을 검출하게 되면 각 결정면에 해당되는 X선 peak들을 관찰할 수 있고 이것을 분석하면 결정의 구조를 파악할 수 있다. <그림 1.3.3>은 Fe-Ni 혼합분말의 X선 회절 Peak를 측정한 것이다. 그림에서 보이는 바와 같이 Fe와 Ni의 각 결정면에 해당되는 Peak들을 모두 볼 수 있다. 그림에서 괄호 안의 숫자가 결정면을 나타내고, 2*theta는 입사각의 2배의 각을 나타낸다.

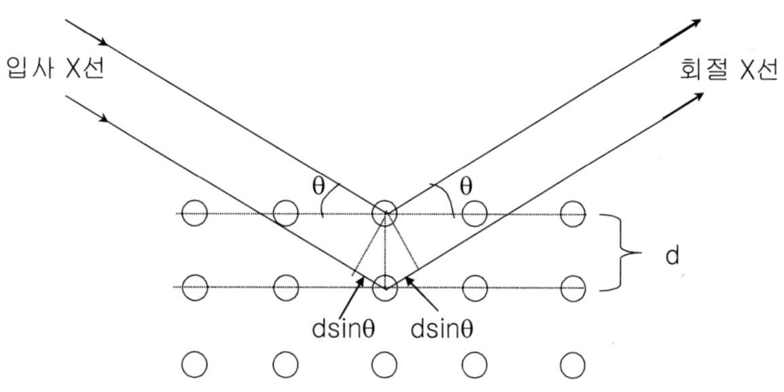

〈그림 1.3.2〉 X선의 회절

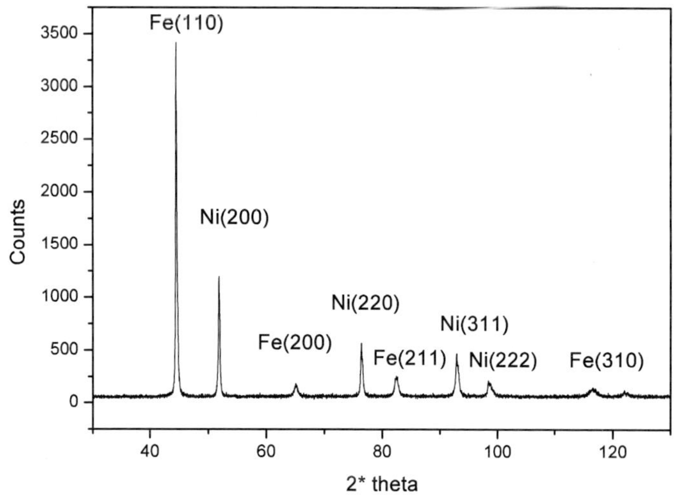

〈그림 1.3.3〉 Fe와 Ni혼합 분말의 X선 회절 Peak

4

X선의 흡수

단색광 X선이 두께가 x이고, 균질인 물질을 투과할 때 X선의 일부가 흡수된다. 물질을 투과한 후의 X선의 세기는

$$I = I_0 e^{-\mu x} \quad\text{..}(1.4.1)$$

로 나타낸다. 여기서 μ는 물질의 선형흡수계수(linear absorption coefficient)로 이것은 X선의 에너지, 물질의 종류와 밀도에 따라 달라지는 값을 갖는다. I_0, I는 가각 X선이 물질을 통과하기 이전 및 통과 후의 X선의 세기이며, x는 물질의 두께이다. 이와 같이 빛이 물질에 흡수되어 세기가 감소하는 것은 광학에서 람베르트(Lambert) 법칙으로, 빛이 액체에 흡수되어 위와 같은 현상을 나타내는 것은 베르(Beer)의 법칙으로 알려져 있다.

흡수계수(μ)가 밀도(ρ)에 비례하기 때문에 질량흡수계수(mass absorption coefficient) μ/ρ로 나타내는 것이 편리하다. 질량흡수계수는 물질이 고체, 액체, 또는 기체의 종류에 관계없이 일정한 값을 가지며 몇몇 에너지에 따른 각 원소의 질량흡수계수의 값은 <부록 3>에 수록되어 있다.

질량흡수계수를 계산하는 실험 관계식은 1948년 Victoreen에 의해 구해졌다. Victoreen에 의한 식은

$$\mu/\rho = C\lambda^3 - D\lambda^4 + \sigma_{K-N} N_A Z/M \quad\dots\dots\dots\dots\dots\dots\dots\dots\dots\dots\dots\dots(1.4.2)$$

이다. 여기서 C와 D는 Z의 함수로 주어지는 상수이고, Z는 원자번호, N_A는 아보가드로수, M은 원자량이다. σ_{K-N}은 Klein $-$ Nishina가 1929년에 계산한 총산란계수(total scattering coefficient)이며 이 값은 "International Tables for X $-$ ray Crystallography" Vol.Ⅲ(d)에 수록되어 있다.

질량흡수계수는 때때로 원자흡수계수(atomic absorption coefficient), μ_a로 나타내는 것이 편리하다. 원자흡수계수는

$$\mu_a = (\mu/\rho)(M/N_A) \quad\dots\dots\dots\dots\dots\dots\dots\dots\dots\dots\dots\dots\dots\dots(1.4.3)$$

로 나타낸다.

일빈직으로 물질에 입사되는 X선의 에너지가 증가함에 따라 물질의 X선 흡수계수는 감소한다. 그러나 어떤 에너지에서 X선 흡수계수가 급격히 증가하는 현상이 있는데 이것은 물질을 구성하는 원자 내각에 있던 전자들이 X선과 상호 작용하여 외각으로 전이할 때 많은 에너지를 흡수하기 때문이다. K(n=1)각에 있는 전자들이 원자 밖으로 전이할 수 있도록 하는 X선의 최소 에너지는 K edge, L(n=2)각에 있는 원자들이 원자 밖으로 전이하는 에너지는 L $-$ edge, M(n=3)각의 전자들이 전이하는 에너지는 M $-$ edge 등으로 불린다. L $-$ edge는 부양자수 l이 세 값을 가질 수 있어서 $3(l=-1,0,+1)$개의 작은 edge가 존재하고, M각은 $5(l=-2,-1,0,+1,+2)$개의 작은 edge가 존재한다.

일반적으로 X선의 흡수계수는 순수 흡수계수와 X선 산란에 의한 흡수로 구성되며 다음과 같이 표현된다.

$$\mu = \tau + \sigma \quad \dots\dots\dots\dots\dots\dots\dots\dots\dots\dots\dots\dots\dots\dots\dots\dots\dots\dots\dots\dots(1.4.4)$$

여기서 τ는 순수 흡수계수이고, σ는 산란에 의한 흡수계수이다. 순수 흡수계수와 Rayleigh 산란 그리고 Compton 산란에 의한 흡수계수가 <그림 1.4.1>에 나타나 있다. <그림 1.4.1>에서 보이는 바와 같이 Rayleigh 산란에 의한 흡수는 저에너지 영역에서 크게 나타나고, Compton산란에 의한 흡수는 고에너지 영역에서 크게 나타나는 것을 볼 수 있다.

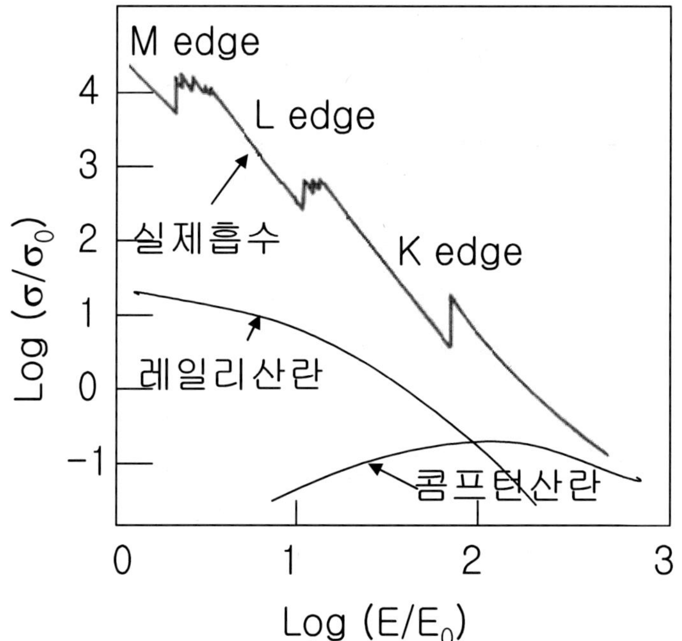

〈그림 1.4.1〉 순수 흡수계수와 산란에 의한 흡수계수 비교

제2장

EXAFS 분광학

1

EXAFS의 발전과정

X선 흡수 edge는 1923년에 전자의 파동성을 제안한 루이스 드브로이 형인 모리스 드브로이(Maurice de Broglie)에 의해 1913년에 처음 관측되었다. 흡수 edge보다 더 높은 에너지 영역에서 나타나는 미세 구조(fine structure) 신호는 1920년 Mg, Fe, Cr화합물을 연구하던 Fricke와 Cs, Nd 등을 연구하던 G. Hertz에 의해 최초로 검출되었다. 흡수 edge 근방의 near edge structure(NES) 구조는 Lindsay(1922), Coster(1924), Lindh(1925)에 의해 발견되었으며, Kossel(1920)의 이론으로 처음 설명되었다.

Ray(1929), Keivet and Lindsay(1930)가 edge보다 수백 eV 이상의 에너지 영역에 존재하는 EXAFS 신호를 관측함에 따라 이것에 대한 새로운 설명이 필요하게 되었다. 1931년 Hanawalt는 Fe의 X선 흡수계수에 대하여 온도 의존성을 발견하였다. 또한 Hg, Zn, Kr, Xe, Se, AsH_3 등의 기체에서는 EXAFS 신호가 나타나지 않고, As, $AsCl_3$, As_2O_3, $NaBrO_3$와 같은 액체나 고체의 경우에 EXAFS 신호가 존재하며 고체와 액체의 스펙트럼이 서로 비슷한 것을 알게 되었다. 이것으로부터 고체나 액체에 대한 EXAFS 신호는 미세구조(fine structure)와 관계가 있음이 알려지게 되었고, 연구들로부터 점차 EXAFS는 Short range order 현상임이 밝혀지기 시작하였다.

1931년 Kronig는 새로운 이론인 양자역학을 이용하여 Long range order에 기초를 둔 응집물질에서의 EXAFS에 관한 이론적인 설명을 시도하였으나 나중에 잘못된 설명임이 확인되었다. 또한 1932년 Kronig는 분자에 대한

EXAFS를 설명하기 위하여 short range order 이론을 제안하였다. Kronig는 고체와 분자에 의한 EXAFS가 동일한 현상임을 깨닫지 못하였으나, Kronig 의 short range order이론은 EXAFS 현상을 인접원자로부터 후방 산란하는 광전자들의 모듈레이션의 결과인 것으로 설명하였고 이것은 EXAFS에 대한 올바른 것이었다. 1933년 Petersen은 X선에 의한 광전자가 인접원자의 퍼텐셜 때문에 발생하는 위상변화의 항을 광전자 파동함수에 추가하여 분자에 적용되도록 Kronig의 아이디어를 확장하였다.

1941년 Kostarev는 Petersen의 SRO 이론이 응집물질에 적용될 수 있음을 지적하였고, 현재와 유사한 EXAFS 식을 이용하였다. 1957년 Sawada는 처음으로 여기 광전자와 원자 내부에 있는 전자들의 생존시간(lifetime)을 최초로 계산하였다. 1958년 Shiraiwa는 개별 원자산란으로부터 미세구조를 계산하였고, 광전자의 평균 자유행로를 이용하여 생존시간 개념을 포함하였다. 1961년 Shmidt는 처음으로 격자진동에 관한 Debye이론으로부터 열진동에 따른 Debye – Waller 형태의 인자를 도입하였다. 1961년 Shiraiwa, Kostarev, Kozlenkov는 일반적인 형태의 EXAFS 식을 나타내는 Short range order이론을 제안하였다. 1960년대는 EXAFS 이론의 혼란기였다. 이 시기에는 Short range order 이론과 Long range order 이론 어느 것이 옳은가에 대한 논란이 지속되어 EXAFS 이론의 혼란을 야기하였다.

1970년 Azaroff는 EXAFS에 관한 이론을 정립하는 것은 아직 미숙한 단계라고 지적한 바 있다. 1952년 Mitchell, Beaman과 1960년 Van Nordstrand는 Near – edge 구조에서 화학 결합의 정보를 발견하였고, 1965년 Lytle와 Levy 는 X선 흡수계수로부터 화학결합 원자들 간의 최근접거리를 구하였으나, 계속되는 이론의 혼란 때문에 큰 관심을 받지 못하였다. 이러한 혼란의 주된 원인은 실험결과와 이론 사이의 일치점이 부족한 때문이었다.

1964년 Lytle이 X선 흡수 미세구조에 XAFS(X – ray absortion fine structure) 약어 사용을 제안하였고, 이것을 받아들여 A. Prins는 처음으로 EXAFS 명칭을 사용하였다. 1967년 10월부터 1968년 10월까지 Ed. Stern이 F. W. Lytle 과 함께 X선 흡수 분광학에 대하여 공동 연구를 시작하였고, 이때 D.

Sayers는 석사과정 학생으로 연구에 참여하였다. Lytle와 Stern은 1969년 "Point scattering Theory of EXAFS"의 논문을 보잉사 내부 문서로 출판하였고, 1970년 Sayers, Lytle, Stern은 Denver에서 열린 18차 X선 학회에서 EXAFS에 관하여 발표하였다. 이 때 발표한 초록 내용은 "우리는 여기된 광전자를 격자에서 퍼지고 그리고 흡수원자의 이웃 원자에서 부분적으로 산란되는 구면파로 취급하여 EXAFS를 계산하였다. 이웃 원자들은 point scatterer로 취급되고, 산란된 모든 파는 각 원자에 의해 산란된 파들의 합이다. 미세구조는 초기 $K-$state와 최종 광전자 상태 사이에서 쌍극자 전이 행렬로부터 결정된다. 계산 결과는 실험 data와 잘 일치한다." 이었다. 이 때 Sayers가 제시한 마지막 식은 믿을 만한 것이었고 그 이론은 성공적이었다. 1970 $-$ 1971에 Stern은 안식년을 가졌고, 1969년 Sayers는 박사과정 학생으로 Lytle과 함께 "Investigation of the structure of Non $-$ Crystalline Materials by Analysis of the Extended X $-$ ray Absorption Fine Structure"의 연구 제안서를 군 연구소에 제출하였다.

1970년 Sayers는 Sayers 방정식이 단순성을 주징하였고 1971년 조기에 그는 Fourier 적분이론을 어떻게 적용할지를 깨달았다. Sayers는 곧바로 게르마늄 EXAFS 함수의 Fourier transform인 첫 번째 그림을 가지고 Lytle과 논의하였다. 그리고 Sayers는 일주일 이내에 Stern으로부터 같은 결과를 얻었다는 편지를 받았다. EXAFS의 새로운 Fourier Transform 분석법은 1971년 3월 29일 클리블랜드에서 개최된 미국물리학회에 발표되었고 그 결과는 EXAFS 분석법의 새로운 방법으로 출판되었다. 이것이 EXAFS가 획기적으로 발전하는 계기가 되었다.

1974년 Stern은 symmetric potential인 경우에 대한 EXAFS 최신 이론을 발표하여 인접원자의 정보를 분석할 수 있음을 보였다. 1975년 P. A. Lee와 J. B. Pendry는 처음으로 mutiple scattering path를 EXAFS 이론에 포함하였고, G. Beni와 P. M. Platzman은 EXAFS의 온도 의존도와 편광 의존도에 대하여 논의하였다. 1977년 P. A. Lee와 G. Beni는 EXAFS에서 진폭과 위상변이를 처음으로 이론적으로 계산하여 실험결과와 비교할 수 있음을 보였다.

1979년 B. K. Teo와 P. A. Lee는 이론적으로 EXAFS 진폭과 위상을 계산하였다. 또한 1979년 P. Eisenberger와 G. S. Brown은 pair distribution function을 도입하여 disorder의 효과가 EXAFS의 진폭과 위상에 영향을 미치는 것을 이론적으로 유도하였다. 1980년 E. D. Crozier와 A. J. Seary는 액체의 구조를 설명하기 위하여 처음으로 비대칭 분포 model(asymmetic distribution model)를 제안하여 액체에서 local structure의 disorder에 대하여 논의하였다.

1981년 J. B. Boyce 등은 비대칭 pair correlation function을 도입하였고, AgI, CuCl, CuBr, CuI 등의 특성을 설명하기 위하여 처음으로 비조화진동(anharmonic vibration)을 논의하였다. 1983년 J. M. Tranquada와 R. Ingalls는 Cumulant expansion을 도입하여 CuBr의 anharmonic vibration에 대하여 구체적으로 논의하였다. 1983년 G. Bunker은 effective pair distribution function을 도입하여 asymmetric distribution에 대한 완전한 수정된 EXAFS 식을 유도하였다. 1981년과 1983년에 Y. Babanov 등은 regularization 방법을 도입하여 EXAFS spectrum으로부터 pair distribution function을 바로 추출하는 방법을 제안하였으나 일반화되지는 못하였다. 1991년 J. J. Rehr 등은 1979년 Teo와 Lee가 계산 과정 중에 무시해 버린 curved wave 효과를 다시 살려서 모든 원소에 대하여 실험결과와 잘 일치하는 EXAFS amplitude와 phase를 계산하였고 이것이 이론적인 표준(theoretical standard)을 제공하는 FEFF3가 되었다. 1995년 J. J. Rehr 등은 multiple scattering effect를 FEFF 계산에 포함하는 FEFF5를 개발하였다.

EXAFS에 의한 고체의 열팽창 연구는 1991년 E. A. Stern 등에 의해 처음 발표되었고, 1993년 A. I. Frenkel과 J. J. Rehr에 의해 EXAFS에 의한 열팽창 연구는 좀 더 구체화되었다. 1994년 L. Tröger 등에 의해 Cumulant를 이용한 local thermal expansion이 연구되었고 1997년 D. ―S. Yang과 S. ―K. Joo는 EXAFS에서 pair distribution function과 pair potential의 관계를 정리하여 slightly anharmonic vibrational system에서의 EXAFS parameter와 열팽창에 따른 EXAFS의 변화를 연구하였다.

2

EXAFS 신호

<그림 2.2.1>은 니켈 금속의 X선 흡수 스펙트럼을 나타낸 것이다. X선 흡수 스펙트럼은 <그림 2.2.1>에서 보이는 바와 같이 Edge(X선 흡수계수가 급격히 증가하는 에너지)를 중심으로, pre-edge, XANES, EXAFS 영역으로 나누어진다. EXAFS 신호는 <그림 2.2.1>의 EXAFS 영역에 나타낸 바와 같이 X선의 흡수계수가 X선 흡수 edge 이상의 에너지 영역에서 에너지의 증가에 따라 주기적으로 증감의 oscillation이 있는 것을 의미한다. 이 EXAFS 신호가 원자배열에서 국부구조(local structure)를 나타낸다는 것은 국부구조가 없는 단원자 기체의 경우와 국부구조가 존재하는 분자, 또는 고체의 경우를 비교하면 쉽게 확인해 볼 수 있다. <그림 2.2.2>는 단원자 기체의 흡수 스펙트럼, <그림 2.2.3>은 이원자분자(Br_2), <그림 2.2.1>은 니켈 금속의 흡수 스펙트럼을 나타낸 것이다. 기체의 경우 <그림 2.2.2>의 흡수 스펙트럼에서 14,400~15,400eV 영역에서 별다른 흡수계수의 요동이 없으나, 이원자 기체의 경우 <그림 2.2.3>에서 보이는 바와 같이 13,600~14,600eV 에너지 영역에서 흡수계수의 요동이 발견되고, 고체 결정의 경우 <그림 2.2.1>에 보이는 바와 같이 8,400~9,300eV 영역에서 강한 EXAFS 신호가 관측된다. 이와 유사한 흡수계수의 요동은 고체의 경우보다 약하긴 하지만 많은 액체의 흡수계수 스펙트럼에서 발견된다.

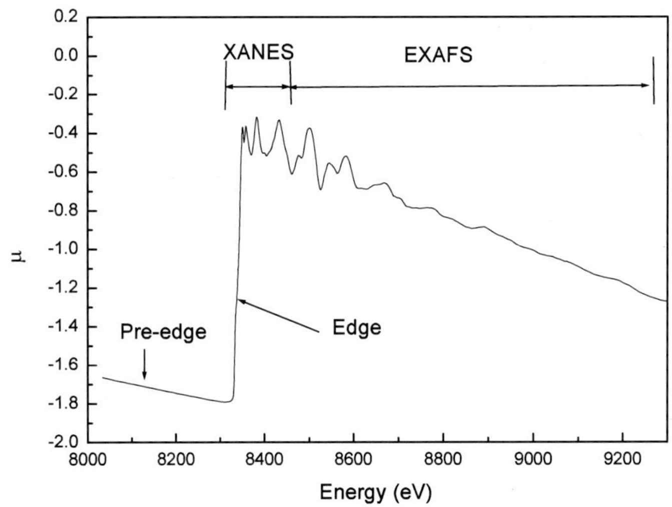

〈그림 2.2.1〉 EXAFS 영역, 니켈 금속의 X선 흡수 스펙트럼

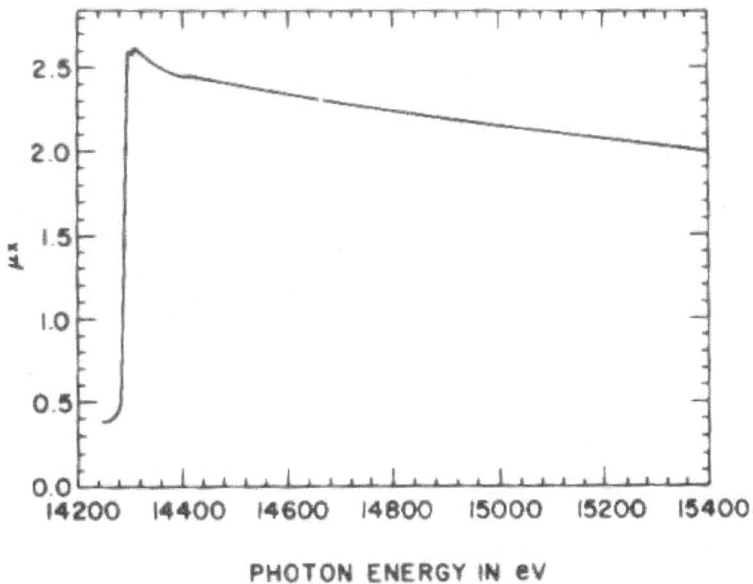

(출처: B. M. Kincaid et al, Physical Review Letters, 34, 1361(1975))

〈그림 2.2.2〉 단원자 기체(Kr)의 흡수 스펙트럼

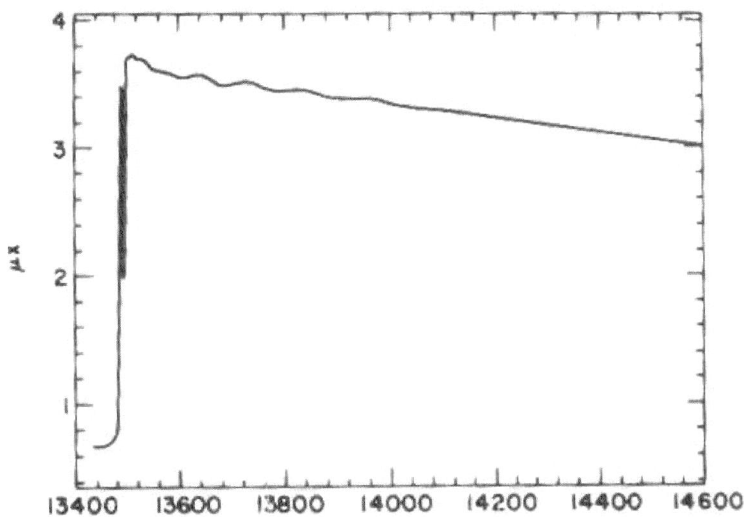

(출처: B. M. Kincaid et al, Physical Review Letters, 34, 1361(1975))

〈그림 2.2.3〉 이원자 기체(Br_2)의 흡수 스펙트럼

3

EXAFS 원리

<그림 2.2.1>에서 보인 EXAFS 신호의 진동은 양자역학적으로 core 준위에서 여기되어 원자 밖으로 나가는 광전자와 여기되어 나가서 주위의 원자들로부터 반사되어 되돌아오는 광전자 사이의 간섭현상으로 설명된다. <그림 2.3.1>은 이러한 현상을 간략히 모형화한 것이다. 중심에 위치한 원자는 광자를 흡수하여 전자를 방출하는 흡수원자를 나타내고, 주변의 원자들은 중심원자에서 방출된 광전자를 산란시키는 산란원자를 나타낸다. 실선의 동심원들은 흡수원자로부터 여기되어 나가는 전자의 양자역학적인 파를 나타내고, 파선으로 표시한 동심원들은 산란원자에 의하여 산란된 전자의 파를 나타낸다. 이와 같이 흡수 원자에서 방출되는 광전자와 산란원자에서 후방산란되어 중심원자로 되돌아왔다가 다시 산란되어 나가는 전자의 파가 간섭함으로써 진동하는 흡수 스펙트럼이 형성된다.

흡수계수의 진동에서 진동 주기는 원자 간 거리와 관계가 있고, 진동의 진폭은 근접원자수와 관계가 있다. 흡수계수로부터 Background가 제거된 EXAFS spectrum은 다음과 같은 규격화에 의하여 구하여진다.

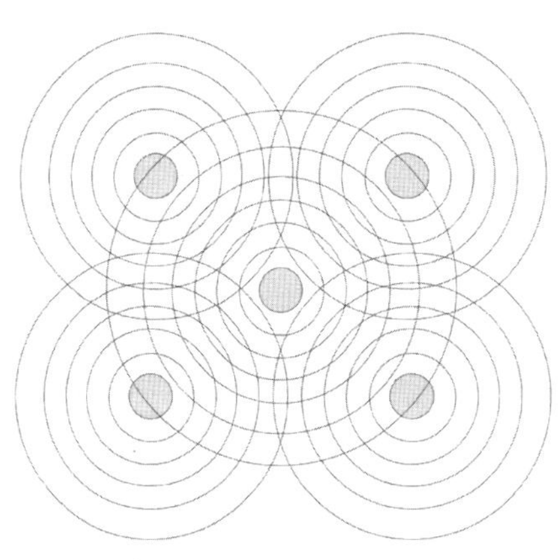

〈그림 2.3.1〉 EXAFS spectrum을 만드는 전자들의 간섭현상

$$\chi(E) = \frac{\mu(E) - \mu_0(E)}{\mu_0(E)} \quad \dots\dots\dots\dots\dots\dots\dots\dots\dots\dots\dots(2.3.1)$$

여기서 $\chi(E)$는 EXAFS spectrum이고 $\mu(E)$는 주위에 다른 원자가 있는 경우의 흡수계수이고 $\mu_0(E)$는 주위에 다른 원자가 없을 때의 흡수계수이다. 이 EXAFS 에너지 spectrum은 광전자의 파수(wave number)인

$$k = \sqrt{\frac{2m}{\hbar^2}(E - E_0)} \quad \dots\dots\dots\dots\dots\dots\dots\dots\dots\dots\dots(2.3.2)$$

에 의해 k spectrum으로 변환된다. 여기서 m은 여기된 광전자의 질량이고, $\hbar = h/2\pi$이며 h는 플랭크 상수, E는 X – 선의 에너지, E_0 는 edge 에너지 이다. 순수 구리의 경우 <그림 2.2.1>의 흡수 spectrum으로부터 background 가 제거된 EXAFS spectrum은 <그림 2.3.2>과 같다.

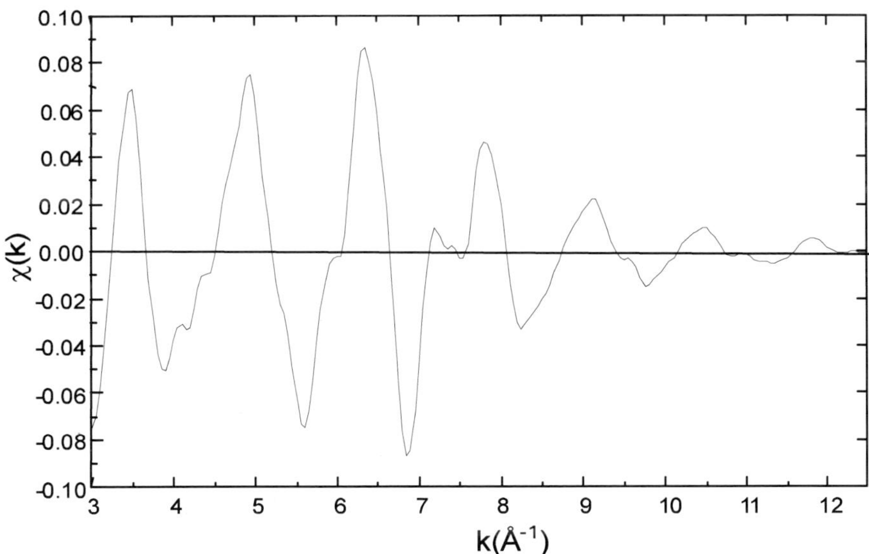

〈그림 2.3.2〉 흡수 spectrum으로부터 background를 제거하여 얻은 EXAFS spectrum

EXAFS equation은 고체 원자 core에 있는 전자들이 X선에 의해 여기될 수 있는 양자역학적인 전이확률을 구함으로써 얻어질 수 있다. Fermi Golden Rule로부터 전자의 전이율은

$$W = \frac{2\pi}{\hbar}(\frac{eE_0}{2})^2 | <i|z|f> |^2 \rho(E_f) \quad \dots\dots\dots\dots\dots\dots\dots\dots\dots\dots(2.3.3)$$

로 주어진다. 여기서 E_0는 X선의 전기장의 세기이고, $<i|$는 core 전자의 초기 양자 상태, $|f>$는 나중 양자 상태이며, $\rho(E_f)$는 최종 상태의 상태 밀도이다. muffin tin potential을 이용하여 X – 선에 의해 여기되는 광전자의 양자역학적인 전자의 파동함수를 구함으로써 전자의 초기 상태와 최종 상태를 계산할 수 있다. 계산된 파동함수들을 위의 식에 대입하여 전자의 전이율을 계산할 수 있으며, 이것으로부터 EXAFS equation을 구할 수 있다. 일반적으로 사용되고 있는 EXAFS equation은 전자의 전이율에서 구한 것에 원자들의 진동운동 및 평균 자유행로에 따른 보정을 한 식을 사용하고 있다. 일반적으로 사용되는 EXAFS equation은

$$\chi(k) = \sum_i \frac{N_i S_0^2(k) F(k)}{k R_i^2} e^{-2k^2\sigma_i^2} e^{-\frac{2R}{\lambda(k)}} \sin(2kR_i + \varphi(k)) \quad \dots\dots(2.3.4)$$

로 주어진다. 여기서 k는 여기된 광전자의 파수이고, N는 근접원자수, R은 흡수원자로부터의 거리, $F(k)$는 광전자의 backscattering amplitude, $\varphi(k)$는 중심원자 및 인접원자로부터 산란에 따른 phase shift, $\lambda(k)$는 광전자의 평균자유행로, σ^2는 원자의 진동에 따른 Debye – Waller factor이다. 기타 자세한 이론적인 배경은 다음 장에서 상세히 설명될 것이다.

4

EXAFS 인자

EXAFS는 인접원자수 N, 인접원자와의 거리 R, 인접원자의 분포를 나타내는 Debye – Waller 변수 σ^2와 이 외에 amplitude reduction factor $S_0^2(k)$, 광전자의 평균 자유행로 $\lambda(k)$ 등의 인자로 구성되어 있다. 인접원자수 N은 EXAFS 진폭에 관련되며, N이 클수록 EXAFS 진폭이 커진다. 인접원자와의 거리 R은 EXAFS의 위상에 관련되며 R이 클수록 위상이 커진다. Debye – Waller 인사 σ^2는 EXAFS의 진폭과 관련되고, σ^2 클수록 EXAFS 진폭이 더 급격히 감쇄한다. 이 인자는 결정이나 분자를 구성하는 원자의 열진동과도 관련이 있다. 열진동이 클수록 σ^2가 커지고, EXAFS 진폭은 빨리 감쇄한다. 원자의 열진동은 더 많은 정보를 갖고 있어서 다음 절에서 상세히 다룬다. $\lambda(k)$가 클수록 EXAFS 진폭이 더 적게 감쇄한다. 물리적으로 의미 있는 σ^2, $S_0^2(k)$, $\lambda(k)$에 대하여 조금 더 상세히 알아보면 다음과 같다.

1) Debye – Waller 변수, σ^2

고체나 액체를 구성하는 원자들은 서로 진동하거나 화학적인 disorder로 인하여 구조상의 disorder를 유발하고 이것은 EXAFS 신호에 영향을 미친다. 따라서 이것에 의한 보정을 하기 위하여 EXAFS 식에 이것에 관한 보정항이 추가된다. 격자 원자의 진동에 관한 보정은 Debye – Waller Fector로 보정

한다. Debye $-$ Waller 변수는

$$\sigma^2 = \sigma^2_{vibration} + \sigma^2_{static} \quad\text{.......................................}(2.4.1)$$

으로 나타낼 수 있고, 여기서 $\sigma^2_{vibration}$는 원자들의 열적 진동으로부터 야기되는 EXAFS 신호의 보정을 나타내고, σ^2_{static}은 화학적인 요인이나 기타 원자의 열진동과 다른 요소에 의해 추가되는 EXAFS 신호의 보정을 나타낸다. 2원자 분자에서 원자들의 열적 진동에 의한 Debye $-$ Waller parameter는

$$\sigma^2_{vibration} = \frac{h}{8\pi^2 \mu\nu} \coth \frac{h\nu}{2k_B T} \sigma^2 = \sigma^2_{vibration} + \sigma^2_{static} \quad\text{.............}(2.4.2)$$

로 나타낼 수 있다. 여기서 h는 플랭크 상수, μ는 두 원자의 환산질량, ν는 원자의 열진동수, k_B는 볼츠만상수, T는 측정온도이다. 고체에 있는 원자의 경우 Debye $-$ Waller parameter는

$$\sigma^2_{vibration} = \frac{\hbar^2}{Mk_B\Theta_E} \coth \frac{\Theta_E}{2T} \; \sigma^2 = \sigma^2_{vibration} + \sigma^2_{static} \quad\text{...........}(2.4.3)$$

으로 표현된다. 여기서 M은 원자의 질량, Θ_E는 고체의 아인슈타인 온도이다.

2) Amplitude reduction factor, $S_0^2(k)$

EXAFS equation에서 $S_0^2(k)$인자에는 core에 있는 전자가 원자 밖으로 탈출할 때 <그림 2.4.1>에 보인 바와 같이 원자에서 발생하는 다른 원자들의 전이나(shake $-$ up) 탈출(shake $-$ off)과 같은 현상을 동반한다. 이러한 동반 현상은 X선 흡수계수에 영향을 주고 결국 EXAFS 스펙트럼에도 영향을 주므

로 EXAFS 식에 보정항을 도입하였다. Shake-up/off에 의한 스펙트럼의 변화는 원자에 따라, 그리고 에너지에 따라 다르게 나타난다. 원자에 따라 나타나는 변화는 일반적으로 실험에 의해 정해지며 S_0^2으로 나타낸다. 몇몇 원소에 대한 amplitude reduction factore는 <표 2.4.1>과 같다.

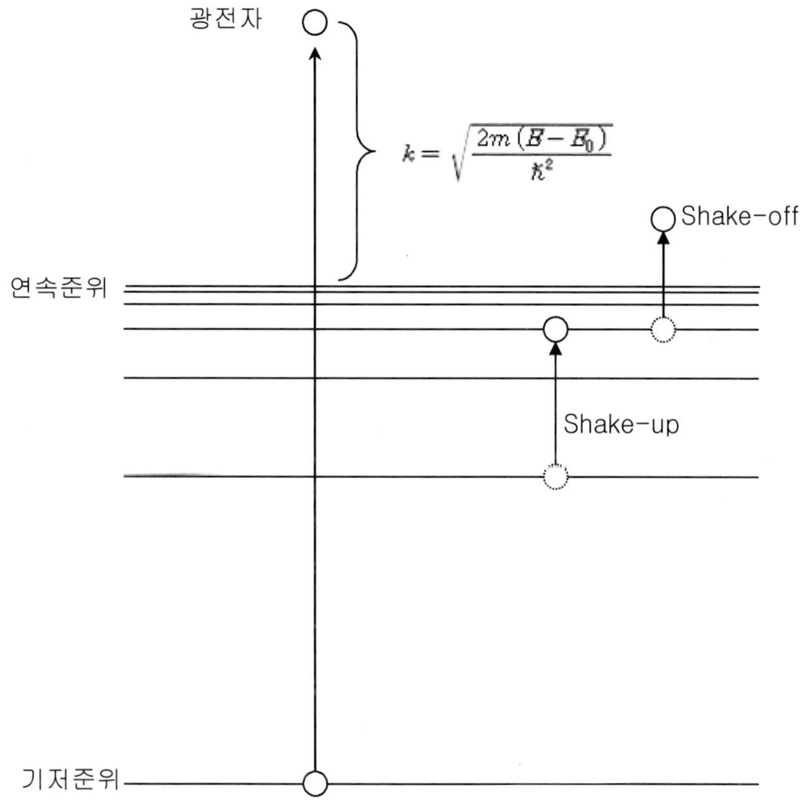

〈그림 2.4.1〉 Shake-up과 Shake-off 과정

〈표 2.4.1〉 원소들의 amplitude reduction factor

(자료: T. A. Carlson 등, Phys. Rev. 169, 7(1968))

Z	원소	S_0^2
2	He	0.73
10	Ne	0.78
18	Ar	0.75
21	Sc	0.62
26	Fe	0.69
31	Ga	0.70
36	Kr	0.78
46	Pd	0.78
54	Xe	0.79
61	Pm	0.73
70	Yb	0.76
79	Au	0.80
83	Bi	0.77
92	U	0.73

3) 광전자의 평균 자유행로, $\lambda(k)$

광전자의 자유행로는 원자의 종류와 전자의 에너지에 따라 다르게 나타난다. 그러나 원자의 종류나 구조에 따라 달라지는 효과는 EXAFS 신호에 심각하게 영향을 미치지 않으므로 보정을 생략한다. 광전자가 가지는 에너지에 따라 달라지는 정도는 EXAFS 신호에 상당히 영향을 미치므로 EXAFS 식에서 이것에 의한 보정이 필요하다. 비탄성 전자의 평균 자유행로에 관한 근사식은

$$\lambda(k) = \frac{1}{\eta}\left[\left(\frac{\xi}{k}\right)^4 + k^n\right] \quad\quad\quad (2.4.4)$$

이다. 여기서 $\lambda(k)$의 단위는 Å이고, η와 ξ는 <표 2.4.2>에 나타나 있다. 그리고 이 평균 자유행로를 광전자의 에너지 함수로 나타내면

$$\lambda = \frac{A}{E_e^2} + B\sqrt{E_e} \quad\text{................................}(2.4.5)$$

이다. 여기서 E_e의 단위는 eV이고, A와 B는 <표 2.4.2>에 나타낸 바와 같다.

<표 2.4.2> 광전자의 평균 자유행로 관련 상수

물질	A	B	η	ξ
원고	1430	0.54	0.95	3.106
유기질	6414	0.96	0.53	3.913
유기질	310	0.87	0.59	1.881
흡착된 기체		0.64	0.80	

<그림 2.4.2>는 광전자의 에너지에 따른 다양한 원소들에서 광전자의 평균 자유행로를 나타낸 것이다. 그림에서 점으로 나타낸 것이 실값이고, 실선은 universal 곡선을 나타낸다.

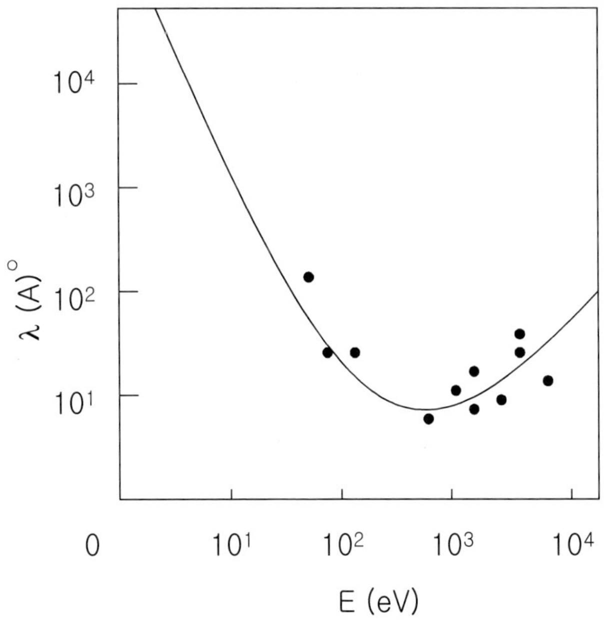

<그림 2.4.2> 광전자의 평균 자유행로

5

EXAFS 분석

EXAFS 분석은 <그림 2.5.1>에서 보인 바와 같은 X선 흡수 스펙트럼 중에 있는 EXAFS 신호를 추출하는 것에서부터 시작한다. EXAFS 신호는 Background를 제거하여 구할 수 있고, 이것을 Fourier transform하여 국부구조의 radial 분포에 관한 정보를 줄 수 있는 스펙트럼으로 변환한다. 일반적으로 스펙트럼을 상호 비교하여 정보를 구하는 경우에는 표준 시료와 sample 시료의 EXAFS 스펙트럼이나 Fourier transform된 스펙트럼을 비교하여 구한다. Bond distance나 Debye – Waller factor와 같이 좀 더 자세한 국부 구조의 정보를 얻기 위해서 Fourier transform된 것에서 필요한 부분(일반적으로 국부구조를 분석할 경우에는 첫 번째 peak만 선별하여 다시 inverse Fourier transform을 통하여 filtering한다. Filtering된 스펙트럼을 EXAFS 식에 fitting 함으로써 인접원자수 N, 인접원자와의 거리 R, Debye – Waller parameter σ^2 를 구할 수 있고, Cumulant 전개나, regularization으로부터 구체적인 원자의 분포에 관한 정보를 구할 수 있다.

1) Background Removal

EXAFS 신호는 <그림 2.5.1>에서 보인 바와 같이 흡수계수 스펙트럼으로부터 Background를 제거하여 구한다. Background를 제거하는 방법은 국부구조가 있는 X선 흡수 스펙트럼으로부터 국부구조가 없는 흡수 스펙트럼을 차감하면 구할 수 있다. 그러나 실험적으로 모든 원소에 대해 특히 금속원소에 대해 국부구조가 없는 흡수 스펙트럼을 구하기 어렵기 때문에 EXAFS 스펙트럼을 추출하는 데 어려움이 있다. 이러한 어려움을 극복하기 위하여 국부구조가 있는 흡수 스펙트럼 내에서 국부구조가 없는 스펙트럼을 추정해 내는 방법을 고안하였다. 국부구조가 없는 스펙트럼을 추정하는 방법은 pre-edge의 스펙트럼에서 외삽법을 이용하여 흡수 스펙트럼의 감쇄함수를 추정하고 edge step 이후 에너지 영역에서 pre-edge에서 구한 감쇄함수에 step의 크기를 더하여 구한다. <그림 2.5.1>에서 pre-edge를 연결한 부분의 점선이 외삽법으로 구한 스펙트럼이고 그림에서 step 위쪽 점선의 스펙트럼이 외삽법으로 구한 스펙트럼에 step을 더한 것으로 국부구조가 없는 스펙트럼에 해당되는 것이다. <그림 2.5.2>는 Background를 제거한 EXAFS 스펙트럼을 나타낸 것이다. 그림에서 보는 바와 같이 EXAFS 스펙트럼은 전자의 에너지가 증가함에 따라 주기적으로 증감하는 양상을 보이며 이것이 국부구조에서 인접원사와의 interaction에 의한 것임을 알 수 있다. 이 EXAFS 스펙트럼의 진폭은 인접원자수에 비례하며 위상은 bond 길이와 관계가 있다.

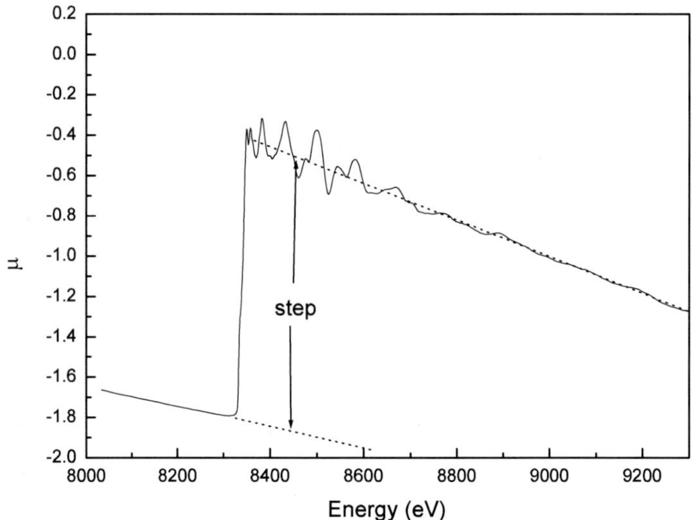

〈그림 2.5.1〉 EXAFS 스펙트럼 추출

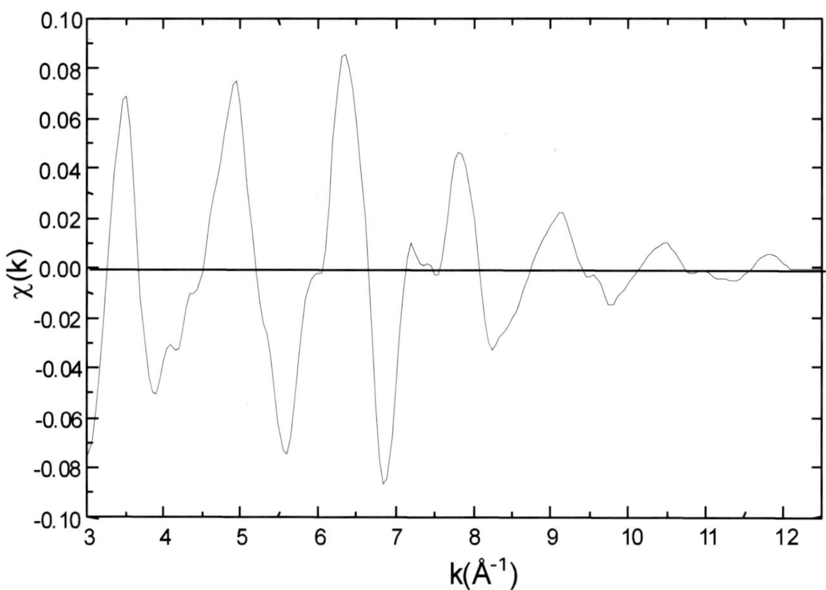

〈그림 2.5.2〉 흡수 spectrum으로부터 background를 제거하여 얻은 EXAFS 스펙트럼

2) Fourier Transform

Background를 제거하여 구한 EXAFS spectrum에는 주기가 서로 다른 Sine 함수들이 포함되어 있다. 국부구조에서 서로 다른 원자 간 거리가 있을 경우 EXAFS spectrum에서 다른 진동수로 나타나기 때문에 Fourier transform 을 하면 이 서로 다른 원자를 분리할 수 있다. 이것은 Sayers와 그의 공동 연구자들에 의해 처음으로 인식되고 연구되어 EXAFS가 오늘날 미세구조를 연구하는 유용한 기술로 발전되었다.

Fourier transform은

$$\rho(r) = \int_{-\infty}^{\infty} \chi(k) \, W(k) k^{kw} e^{-irk} dk \quad \dots\dots\dots\dots\dots\dots\dots\dots\dots(2.5.1)$$

로 계산되며, 여기시 $\chi(k)$는 EXAFS spectrum이고, $W(k)$는 윈노우 함수, kw 는 k-weighting을 나타낸다. 윈도우 함수가 필요한 이유는 Fourier transform 자체에서 발생하는 변환상의 error를 최소화하기 위한 기술로서 EXAFS spectrum을 Fourier 변환할 경우 EXAFS spectrum의 앞뒤로 (0.05~0.1) 정도 를 사용한다.

여기서 k-weighting을 사용하는 것은 EXAFS spectrum이 k값에 반비례하 기 때문에 high k영역에서 spectrum의 진폭이 약화되므로 이것을 보완하기 위한 기법으로 비정질 등 EXAFS 신호가 약한 경우에 많이 사용된다. <그림 2.5.3>은 <그림 2.5.2>의 EXAFS 스펙트럼을 Fourier transform한 것을 나타낸 것이다. 그림에서 보는 바와 같이 Fourier transform된 스펙트럼에는 여러 개의 peak들이 존재하며 이 peak(때때로 shell로 불림)들은 국부구조와 밀접한 관련이 있다. <그림 2.5.3>에서 첫 번째 peak는 최근접원자로부터 산란된 전자에 의해 형성된 것이고, 두 번째 peak는 두 번째 근접원자로부 터, 세 번째 peak는 세 번째 근접원자로부터 산란된 전자로부터 형성된 것

이다. 이 규칙은 항상 지켜지는 것은 아니고 경우에 따라서는 두 peak가 겹
쳐져 한 개의 peak로 보이는 경우도 있다. 국부구조의 정보를 포함하고 있
는 이 peak를 분석함으로써 국부미세구조를 알아낼 수 있다.

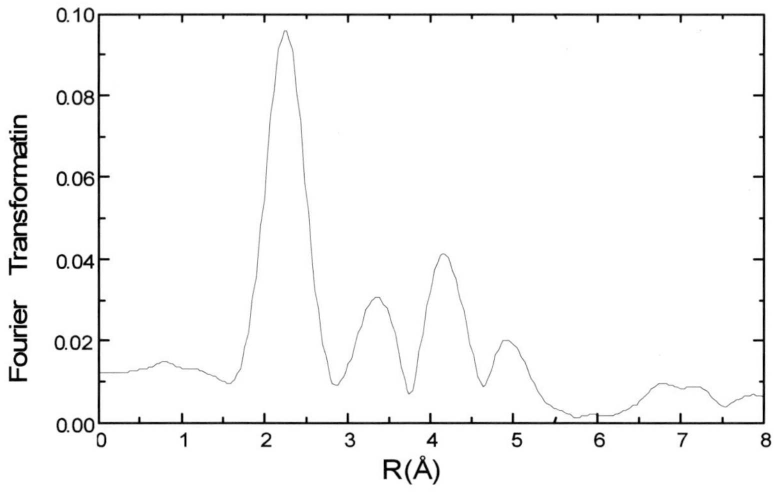

<그림 2.5.3> 구리에 대한 EXAFS spectrum의 Fourier transformation

3) Inverse Fourier Transform

<그림 2.5.3>에서 각 peak를 분석하기 위하여 inverse Fourier transform을
실시한다. Fourier transform된 spectrum에서 여러 개의 shell들 중 첫 번째
shell이 비교적 정확한 spectrum인 것으로 알려져 있다. 첫 번째 shell만의
EXAFS spectrum을 filtering하기 위하여 다음과 같이 inverse Fourier transform
을 실시한다.

$$\tilde{\chi}(k) = \int_{-\infty}^{\infty} \rho(r) W(r) e^{ikr} dr \quad \dots\dots\dots\dots\dots\dots\dots(2.5.2)$$

여기서 $W(r)$은 윈도우 함수로 inverse Fourier transform 과정에서 야기되는 구조적인 error를 줄이기 위한 것으로 변환될 data 전후로 (0.01~0.05) 정도로 한다.

구리에 대한 inverse transform에 의해 filtering된 spectrum, $\tilde{\chi}(k)$는 <그림 2.5.4>와 같다. $\tilde{\chi}(k)$는 필요에 따라서 $\chi(k)$과 같은 format이거나 아니면 envelope과 phase data로 분리할 수 있다. <그림 2.5.5>과 <그림 2.5.6>은 inverse Fourier transform한 후 $\tilde{\chi}(k)$의 envelope과 phase를 분리하여 각각을 나타낸 것이다.

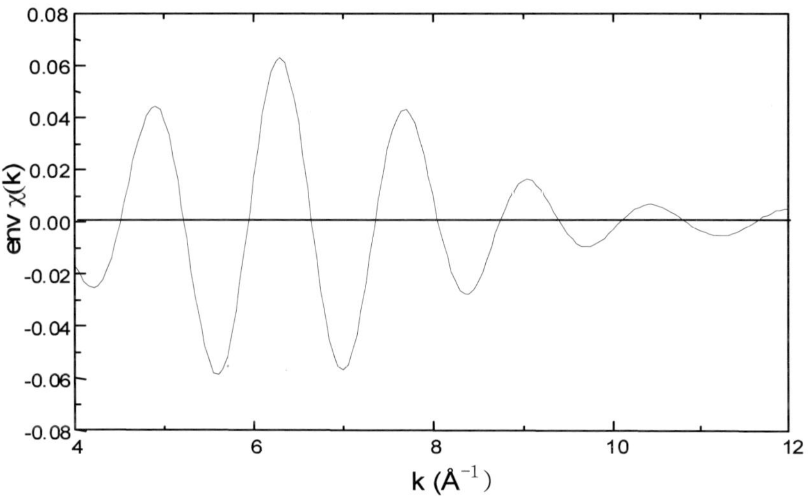

〈그림 2.5.4〉 구리에 대한 filtering된 $\tilde{\chi}(k)$ spectrum

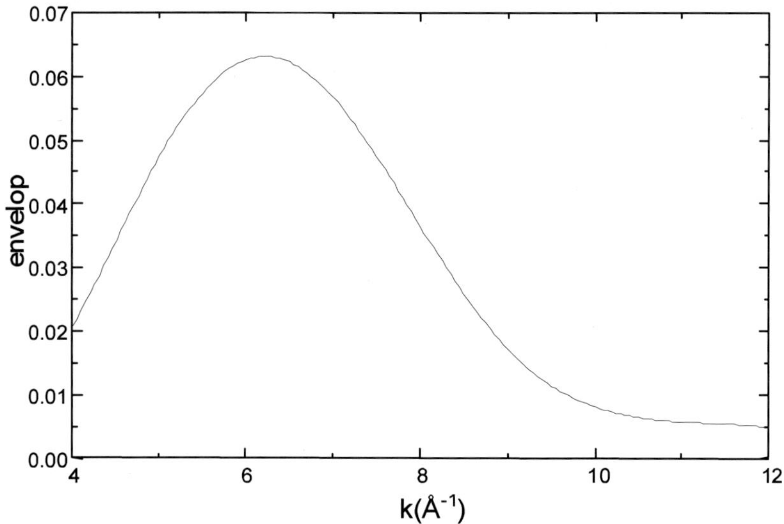

〈그림 2.5.5〉 Inverse Fourier transform된 EXAFS $\tilde{\chi}(k)$ spectrum의 envelope

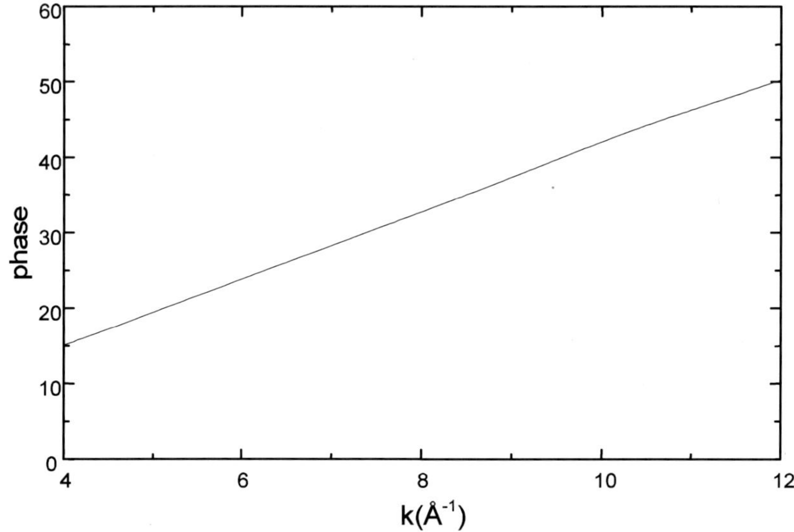

〈그림 2.5.6〉 Inverse Fourier transform된 EXAFS $\tilde{\chi}(k)$ spectrum의 phase

4) Fitting

   Local structure는 인접원자수 (N), 원자 간 거리 (R), Debye – Waller factor (σ^2)로 결정되며 이 값들은 inverse Fourier transform에 의해 filtering된 spectrum 을 EXAFS equation에 fitting함으로써 구할 수 있다. 파형의 곡선을 fitting하 는 program으로 non – linear least squares fitting(NLSF) program이 적합하다. Fitting 과정에서 $S_0^2(k)$, F(k), $\varphi(k)$, $\lambda(k)$의 값들은 표준 sample에서 추출한 envelope과 phase로부터 얻은 값을 사용할 수도 있고, 이론적으로 계산된 값 을 사용할 수 있다.

5) Cumulant expansion과 Ratio method

   Cumulant expansion 방법은 실험적으로 구한 X선 흡수 스펙트럼에서 EXAFS 스펙트럼을 추출하고 Fourier transform, inverse Fourier transform을 거치면 국부구조의 정보를 가진 스펙트럼을 구할 수 있다. 이 스펙트럼의 envelope와 위상을 각각 급수전개하면 각 항의 계수로부터 N, R 및 Cumulant, C_n을 구할 수 있다. C_n은 열역학적으로나 또는 화학적인 환경의 변화로 인하여 중심원자 주위의 local structure의 변형에 따른 disorder를 분 석할 수 있다. Cumulant 방법을 사용하려면 구조가 정확히 알려진 표준 시 료의 EXAFS spectrum이 있어야 한다. 표준 시료(첨자 r로 나타냄)와 측정시 료(첨자 없음)를 동일한 방법으로 background removal, Fourier transform, inverse Fourier transform을 한 후, envelope의 비와 phase의 차를 각각 (2k)에 대하여 전개하여 각 항의 계수로부터 Cumulant, N, R, C_n을 구한다.

$$\ln\left(\frac{A}{A_r}\right) = \ln\left(\frac{N}{N_r}\right) + C_0 - C_2\frac{(2k)^2}{2!} + C_4\frac{(2k)^4}{4!} + \quad\text{....................}(2.5.3)$$

$$\varphi(k) - \varphi_r(k) = 2k(C_1 + R) - C_3 \frac{(2k)^3}{3!} + \quad \dots\dots\dots\dots\dots\dots(2.5.4)$$

이것으로부터 구한 Cumulant들로부터 원자들의 Radial distribution 및 구조의 변화 등도 구할 수 있다.

6) Regularization Method

이 방법은 fitting을 사용하지 않고 직접 원자 간 거리를 알 수 있는 방법이다. 그러나 인접원자수 및 Debye – Waller factor의 값 등은 다소 부정확하게 계산될 수 있는 단점이 있다. Regularization 방법은 Fourier transform보다 분해능이 좋아서 Fourier transform에서 분리하지 못하는 다중 shell이 있는 경우에 유용하게 쓰일 수 있다.

Regularization 방법에는 Fourier transform을 사용하지 않고 EXAFS spectrum에 regularization 알고리듬을 적용하여 원자의 분포를 계산하는 직접적인 방법과, inverse Fourier transform된 스펙트럼에 regularization 알고리듬을 적용하여 원자분포를 구하는 절충형 방법이 있다. EXAFS equation을 벡터화하면

$$\chi = Kg \quad \dots\dots\dots\dots\dots\dots\dots\dots\dots\dots\dots\dots\dots\dots\dots(2.5.5)$$

로 나타낼 수 있다. 여기서, kernel matrix K는

$$K_{ij} = \frac{NS_0^2(k_i)F(k_i)}{k_i R_j} e^{-\frac{2R_j}{\lambda(k_i)}} \sin(2k_i R_j + \varphi(k_i)) \quad \dots\dots\dots\dots(2.5.6)$$

를 matrix화하여 계산된다. Regularization 알고리듬에 의해

$$(K^*K + \tau\alpha I + \beta B)g = K^*\chi \dots\dots\dots\dots\dots\dots\dots\dots(2.5.7)$$

행렬 방정식이 되고, 이것으로부터 원자 분포를 나타내는 g가 계산될 수 있다. 여기서 $\tau = \Delta r / \Delta k$이고, α는 각각 Tikhonov regularization 상수이고, β는 분포함수의 거칠기를 조절하는 상수이다. 행렬 방정식에서 행렬 B는 분포함수의 거칠기를 조절하기 위하여 도입되는 행렬로서

$$B = \begin{pmatrix} 2h & -h & 0 & \dots 0 \\ -h & 2h & -h & \dots 0 \\ \vdots & \vdots & \vdots & \vdots \\ . & . & \dots & . \\ 0 & 0 & \dots & 2h \end{pmatrix} \quad \dots\dots\dots\dots\dots\dots\dots\dots\dots\dots\dots\dots(2.5.8)$$

이고, $h = \dfrac{1}{\Delta r \Delta k}$이며, Δr는 원자분포함수 $g(r)$의 급간을, Δk는 $\chi(k)$의 급간을 나타낸다.

6

EXAFS 측정

EXAFS 측정은 일부 실험실 EXAFS 측정 장치로부터 측정되기는 하지만 일반적으로 방사광가속기 빔라인에서 주로 측정되고 있다. EXAFS 측정은 <그림 2.6.1>과 같은 장치에 의해 측정된다.

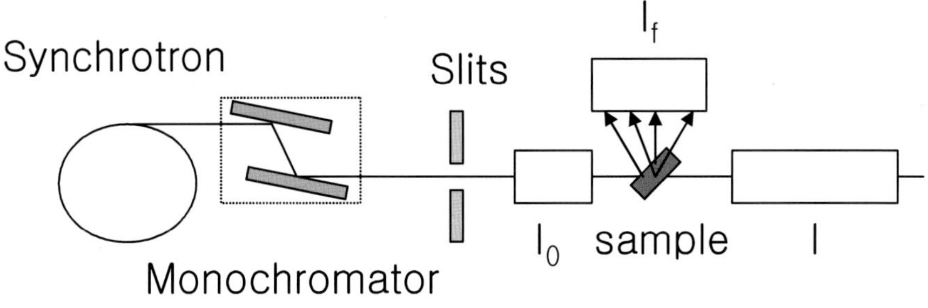

〈그림 2.6.1〉 EXAFS 측정 장치의 개략도

그림에서 synchrotron은 방사광가속기를 나타내고, Monochromator는 단색기로 연속파장의 스펙트럼에서 단일 파장을 통과시키는 장치이다. 이것은 Si(111), 또는 Si(311)의 결정면에서 Bragg 반사할 때 나오는 파장을 이용한다. 일반적으로 두 개의 실리콘 결정을 나란히 놓아 사용하므로 이중결정 단색광기(DCM: double crystal monochromator)라고 한다. 방사광에서 들어오는 X선이 첫 번째 결정에서 필요한 파장의 X선을 통과시키면 두 번째 결정에서는 선택된 파장의 X선을 원래의 방향을 향하도록 해 주는 역할을 한다.

고에너지 영역에서는 실리콘 결정에서 반사되는 higher order harmonics X선
이 같은 방향으로 들어올 수 있다. 이것을 제거하기 위해 두 번째 결정을
DCM 각도가 증가하는 방향으로 회전시키면서 나가는 X선의 최대강도에서
약 80% 정도로 삭감되도록 detuning한다. DCM으로 부터 나온 단색 X선을
slit을 이용하여 균일한 영역의 X선을 통과시켜 측정한다. 슬릿을 통과한 X
선은 I_0 X선 검출기를 지나면서 시료를 통과하기 전의 X선의 세기가 검출
된다. 일반적으로 I_0 X선 검출기는 ion chamber를 사용한다. 이온 챔버는 긴
육면 모양의 알루미늄 상자에 X선이 통과할 수 있도록 window를 만들고 내
부에 (+), (−) 전극에 고전압을 인가시킨다. 이 chamber 내부에 질소(N_2)나
아르곤(Ar) 같은 기체를 흘려보내면 기체가 X선을 받아 기체가 해리되어 전
극에 전류가 발생하여 X선의 세기를 측정할 수 있다.

1) 투과 측정 방식(Transmission mode)

투과 측정 방식은 <그림 2.6.1>에 보인 바와 같이 I_0 검출기를 지난 X선
이 시료를 투과한 후 다시 X선 검출기를 투과하도록 하는 방식으로 이때
뒤에 있는 검출기도 일반적으로 이온 챔버를 사용하며 I검출기라고 한다.
검출기 I_0, I에 흐르는 기체는 측정코자 하는 X선의 에너지에 따라 다르긴 하
지만 일반적으로 I_0에는 질소기체를 사용하고, I에는 에너지가 낮은 경우 질
소기체를 에너지가 높은 경우 질소, 아르곤의 혼합기체를 사용하며 에너지
가 높을수록 아르곤의 비율이 높아지도록 한다. 이 경우 흡수 스펙트럼은

$$\mu x = \ln\left(\frac{I_0}{I}\right) \quad\text{...}(2.6.1)$$

에 의해 계산된다. 투과방식에서 시료의 두께에 따라 edge 이후의 step의 크
기가 결정된다. 일반적으로 step의 크기는 1 정도가 적당하며 이것은 시료의

종류에 따라서 시료의 두께가 달라짐을 의미한다. 투과 방식의 측정에서 step이 1이 되기 위한 두께는

$$t = \frac{1}{\Delta\mu} = \frac{1.66\sum_i n_i M_i}{\rho\sum_i n_i [\sigma_i(E_+) - \sigma_i(E_-)]} \quad\dots\dots\dots\dots\dots\dots\dots\dots\dots\dots\dots(2.6.2)$$

으로 계산된다. 여기서 E_-, E_+는 edge 전후의 X선의 에너지를 나타내며, 단위는 eV이다. 또한 여기서 $\sigma(E)$는 흡수 단면적으로 MacMaster 계산에 의해 계산되고 단위는 barns/atom이다. ρ는 시료의 밀도이고, n은 물질의 성분비, M은 원자량이며 단위는 amu이다. Fe K$-$edge에서 측정한 Fe_3O_4의 경우 step이 1이 되기 위한 두께는 다음과 같이 계산된다.

$M_{Fe} = 55.85amu$, $M_o = 16.00amu$, $\rho = 5.18g/cm^3$이고 MacMaster 계산에 의해

E(eV)	σ_{Fe}(barns / atom)	σ_O(barns / atom)
7150	37325	434
7100	4956	443
$\Delta\sigma$	32369	-9

$$t = \frac{1.66(3 \cdot 55.85 + 4 \cdot 16)}{5.18 \cdot (3 \cdot 32369 + 4 \cdot (-9))} = 7.64 \times 10^{-4} cm = 7.64\mu m$$

2) 형광 측정 방식(Fluorescence mode)

형광 측정 방식은 <그림 2.6.1>에서 I_0 검출기를 지난 X선이 시료를 때리면 시료에서 다양한 파장의 형광 X선이 방출된다. 그림에서 보이는 바와

같이 시료의 앞쪽에 I_f 검출기를 놓아 형광 X선을 검출한다. 시료가 두껍거나 조성 비율이 높은 경우 edge보다 약 50~150eV 영역에서 강력한 형광 신호가 나타날 수 있는데 이것은 EXAFS 스펙트럼을 심하게 왜곡시킬 수 있기 때문에 주의해야 하며 필요에 따라서는 (Z−1) filter를 사용하여 제거한다. <그림 2.6.2>는 (Z−1) filter가 작용하는 예를 나타낸 것이다. 그림은 철을 포함한 시료를 Fe Kedge 부근에서 발생하는 형광 X선을 검출한 것과 (Z−1)에 해당하는 Mn의 K−edge 흡수를 나타낸 것이다. 그림에서 보는 바와 같이 강력한 형광 신호 Fe 라인이 Mn의 $K-edge$에 흡수될 수 있음을 보여 준다. <표 2.6.1>은 몇몇 원소의 K edge 형광 측정법에 사용될 수 있는 (Z−1) filter의 사용 예를 나타낸 것이다.

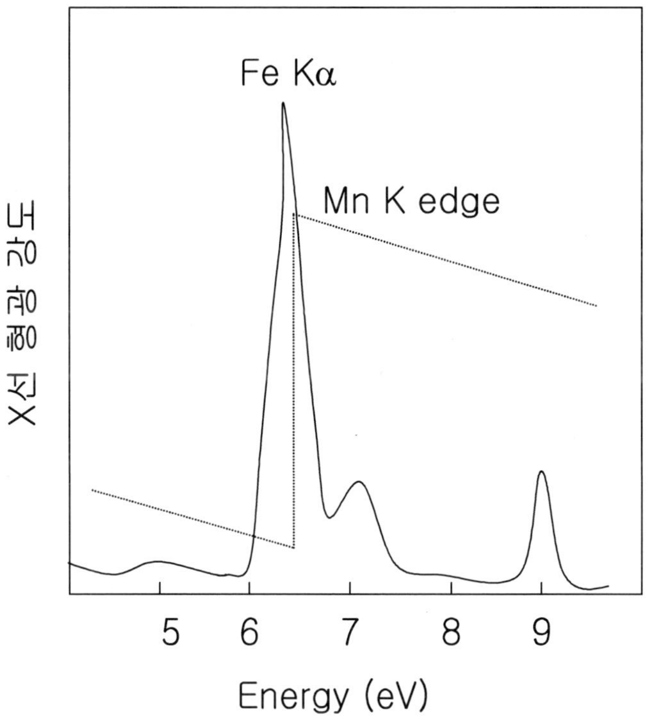

〈그림 2.6.2〉 (Z−1) filter의 작용

<표 2.6.1> 원소 측정 Edge별 사용 필터. E_K는 원소 측정 K edge이고,

E_F는 원소에서 방출되는 형광에너지, E_{filter}는 필터의 흡수 에너지이다.

원소	E_K(eV)	E_F(eV)	(Z−1) 필터	E_{filter}(eV)
V	5,465	4,953	Ti	4,965
Fe	7,112	6,403	Mn	6,540
Cu	8,979	8,047	Ni	8,333
Br	13,474	11,923	Se	12,658
Mo	19,999	17,478	Zr	17,998
Ca	4,038	3,691	In−L3	3,730

형광측정 방식에서 흡수 스펙트럼은

$$\mu x = \left(\frac{I_f}{I_0} \right) \quad \text{...(2.6.3)}$$

로 계산된다. 형광 측정법으로 구한 흡수 스펙트럼은 시료의 두께 효과, self absorption 등의 효과로 인하여 투과법으로 측정한 스펙트럼과 비교하기 위해서는 정확한 보정이 있어야 한다. 일반적으로 형광 측정법으로 측정한 스펙트럼은 기준시료와 sample을 동시에 측정하여 스펙트럼을 비교하는 방식으로 많이 분석된다.

형광 X선을 측정하기 위한 검출기는 이온 챔버를 사용할 경우 X선 흡수도가 높은 Kr 기체를 사용한다. 형광측정법에서는 이온 챔버 외에 반도체 검출기(solid state detector)를 많이 사용하고 있다. 반도체 검출기는 반도체가 가진 다양한 에너지 밴드갭(band gab)을 이용한다. X선이 반도체 검출기에 입사하면 반도체의 전자들이 여기되어 전도대로 전이하여 전도전자로 된다. 이 전도전자들이 많을수록 많아지므로 전류 신호가 증가하고 이 신호를 증폭하여 X선을 검출한다.

3) 전자 방출 측정 방식(Electron yield mode)

전자 방출 측정 방식은 X선이 시료를 때리면 광전 효과로 인해 원자 기제에 있는 전자가 원자 밖으로 나오게 된다. 시료가 붙어 있는 면이 도체이고 이 도체에 전위차가 걸리면 이 광전자로 인하여 전류가 증가한다. 이 전류의 신호로부터 EXAFS 스펙트럼을 추출하는 것으로 추출 과정은 형광 측정법과 동일하다. 일반적으로 도체 재료의 표면을 연구하기에 유용하나 표면의 특성이 EXAFS 신호에 영향을 줄 수 있어서 사용에 세심한 주의가 필요하다.

제3장

EXAFS observables

전형적인 EXAFS 분석에서는 EXAFS 스펙트럼의 상호 비교에 의한 분석 외에 inverse Fourier transform에 의해 filtering한 EXAFS spectrum을 EXAFS 방정식에 Fitting하여, 인접 N, 원자 간 거리 R, Debye – Waller 인자 σ^2를 구할 수 있다. 일반적으로 EXAFS 스펙트럼은 물질의 구조 변화에 따른 다양한 정보를 함유하고 있으나 전형적인 분석방법으로는 그 정보들을 정확히 추출하기 어렵다. 이와 같이 미세한 물리량의 변화에 따른 국부구조의 변화를 감지하기 위해서는 EXAFS 스펙트럼으로부터 Debye – Waller 인자 대신 인접원자들의 분포함수의 변화를 구하여 분석하고, 분포함수의 변화와 물리량의 관계를 분석하는 것이 효과적이다.

1

Pair distribution function

EXAFS 분석에 pair distribution function을 처음 도입한 사람은 1979년 Eisenberger와 Brown이었다. 이들은 EXAFS가 인접원자수 및 원자 간 거리가 있는 물질에서뿐만 아니라 분자나 또는 화학적으로 국부구조가 매우 혼잡한(disordered) 경우에까지 일반적으로 사용할 수 있는 EXAFS 표현식을 만들기 위하여 pair distribution function $g(r)$을 도입하였다. 이들은 표준 EXAFS식에서 Debye-Waller 인자 $e^{-2k^2\sigma^2}$가 원자의 분포에서 기인한다고 생각하고 이 인자 대신 분포함수 $g(r)$를 도입하여 일반적인 EXAFS 식

$$\chi(k) = \int_0^\infty \frac{N_i S_0^2(k) F(k)}{kr^2} e^{-\frac{2r}{\lambda(k)}} \sin(2kr + \varphi(k)) g(r) dr \quad \text{..........}(3.1.1)$$

을 제안하였다. 이 EXAFS 표현은 $g(r)$의 함수 형태에 따라 적분이 될 수도 있고, 그렇지 않을 수도 있다. 적분이 가능한 EXAFS 표현식을 만들 수 있는 $g(r)$함수로는

$$g(r) = \frac{r^2}{D^2(r_m, s, \delta)s!} \left(\frac{r-r_m}{\delta}\right)^s e^{-\frac{r-r_m}{\delta}} \quad \text{....................................}(3.1.2)$$

을 택할 수 있다. 여기서 r_m은 인접원자의 최소근접거리이고,

$$D^n(r_m, s, \delta) = r_m^n \left[1 + \sum_{m=1}^{n} \left\{ \frac{n!}{m!(n-m)!} \Pi_{j=1}^{m}(s+j)(\frac{\delta}{r_m})^m \right\} \right] \quad ......(3.1.3)$$

이다. 이 모델 함수를 이용하면 일반화된 EXAFS 표현식은 근사적으로

$$\chi(k) = \frac{NS_0^2(k)F(k)}{kR^2} e^{-\frac{2R}{\lambda(k)}} A_c \sin(2kR + \varphi(k) + \varphi_c(k)) \quad ....(3.1.4)$$

로 나타낼 수 있다. 여기서

$$A_c = [1 + (2k\delta)^2]^{-\frac{1}{2}\frac{\sigma^2}{\delta^2}} \quad ....(3.1.5)$$

$$\varphi_c(k) = \frac{\sigma^2}{\delta^2}[\tan^{-1}(2k\delta) - (2k\delta)] \quad ....(3.1.6)$$

이며 유도 과정에서 $D^2 \approx R^2 = (r_m + (s+1)\delta)^2$, $2\frac{\delta}{\lambda(k)} \ll 1$의 근사가 이용되었고, 따라서 위 근사식들은 $s \gg 1$, $\delta \ll \lambda$의 범위에서 유용하다. 일반적으로 $\delta = 0.0001 - 0.1 \text{Å}$이고, $\lambda(k) = 5 - 100 \text{Å}$이므로 위 근사식은 대부분의 경우에 사용할 수 있음을 알 수 있다. EXAFS spectrum과 일반화된 EXAFS 표현식으로부터 R, σ^2, δ^2를 구할 수 있고, 이것으로부터 r_m, s가 구해지면 EXAFS 식으로부터 구한 δ와 함께 pair distribution 함수 $g(r)$을 구할 수 있다. 평균 거리 R은 EXAFS 식으로부터 구해지기도 하지만, pair distribution 으로부터

$$R = \int_0^\infty r g(r) dr = \frac{D^3(r_m, s, \delta)}{D^2(r_m, s, \delta)} \quad \dots\dots\dots\dots\dots\dots\dots(3.1.7)$$

이고 n번째 모멘트는

$$\sigma^n = \int_0^\infty (r - R)^n g(r) dr \quad \dots\dots\dots\dots\dots\dots\dots(3.1.8)$$

이며, 두 번째, 세 번째 모멘트는

$$\sigma^2 = \frac{D^4(r_m, s, \delta)}{D^2(r_m, s, \delta)} - \left(\frac{D^3(r_m, s, \delta)}{D^2(r_m, s, \delta)} \right)^2 \quad \dots\dots\dots\dots\dots(3.1.9)$$

$$\sigma^3 = \frac{D^5(r_m, s, \delta)}{D^2(r_m, s, \delta)} - 3\frac{D^4(r_m, s, \delta)}{D^2(r_m, s, \delta)}\frac{D^3(r_m, s, \delta)}{D^2(r_m, s, \delta)} + 2\left(\frac{D^3(r_m, s, \delta)}{D^2(r_m, s, \delta)} \right)^3 \quad \dots\dots(3.1.10)$$

으로 다소 복잡한 식으로 계산된다. 그러나 실제적으로는 약 10% 오차 범위 내에서 다음 간단한 근사식을 사용할 수 있다.

$$R \approx r_m + (s + 1)\delta \quad \dots\dots\dots\dots\dots\dots\dots\dots(3.1.11)$$

$$\sigma^2 \approx (s + 1)\delta^2 \quad \dots\dots\dots\dots\dots\dots\dots\dots(3.1.12)$$

$$\sigma^3 \approx 2(s + 1)\delta^3 \quad \dots\dots\dots\dots\dots\dots\dots\dots(3.1.13)$$

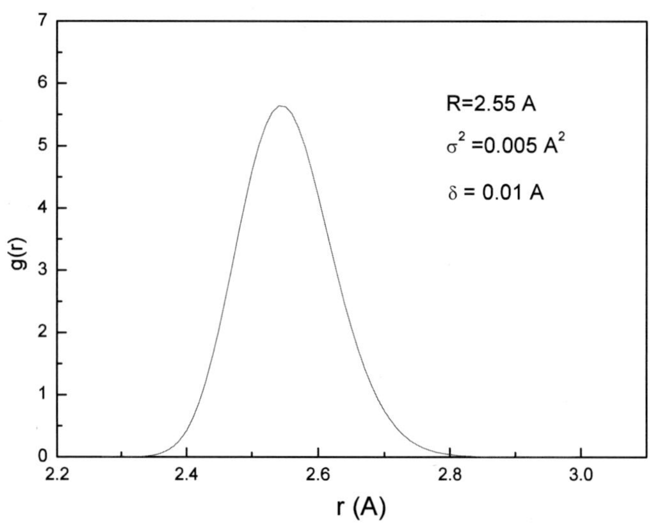

〈그림 3.1.1〉 국부구조에서 질서도가 큰 경우의 pair distribution function 분포가 좌우 대칭형(symmetric pair distribution function)에 가깝다.

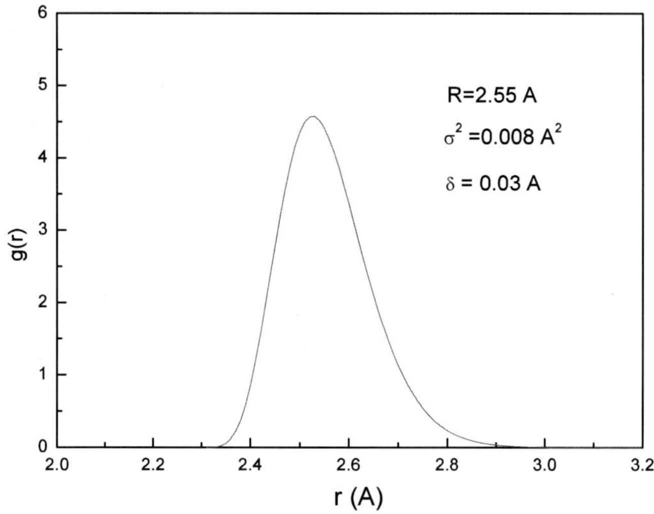

〈그림 3.1.2〉 국부구조에서 질서도가 적은 경우의 pair distribution function 거리가 큰 쪽으로 분포가 치우쳐져(asymetric pair distribution function) 있다.

2

Effective pair distribution function

앞 절에서 설명한 바와 같이 전통적인 EXAFS 분석법에서는 국부구조에서 질서도가 강한 경우에 EXAFS를 분석하는 방법을 개발하였으나 점차 표준 EXAFS 분석법으로는 잘 해결되지 않는 경우가 나타나기 시작하였다. 이와 같이 무질서도가 강한 경우에도 일반적으로 사용할 수 있는 EXAFS 분석법을 개발하고자 하였다. 앞 장에서 설명한, Eisenberger, Brown, Teo, Crozier 등은 비대칭 pair distribution function model을 통하여 이것을 해결하려고 시도하였고, Bunker는 1983년 Effective pair distribution function과 Ratio method를 결합하여 pair distribution function에 대한 model 없이 disorder 문제를 해결하려고 하였다.

앞 절에서 설명한 pair distribution function이 도입된 EXAFS 식을 간단히 정리하기 위해서 effective pair distribution function $P(r,\lambda)$를 다음과 같이 도입한다.

$$P(r,\lambda) = \frac{g(r)e^{\frac{-2r}{\lambda}}}{r^2} \quad\dots\dots\dots\dots\dots\dots\dots\dots\dots\dots\dots\dots\dots\dots\dots\dots(3.2.1)$$

무질서도가 아주 커서 전자의 평균 자유행로에 의한 영향을 무시할 수 있는 경우, $P(r,\lambda)$은

$$P(r) = \frac{1}{m!\delta}\left(\frac{r-r_m}{\delta}\right)^m e^{-\left(\frac{r-r_m}{\delta}\right)} \quad\dots\dots\dots\dots\dots\dots(3.2.2)$$

나타낼 수 있고, 이것을 EXAFS 일반식에 대입하여 적분하면

$$\chi(k) = \frac{NS_0^2(k)F(k)}{kR^2}\left[1+(2k\delta)^2\right]^{-\frac{(m+1)}{2}}\sin\left[2kR+\varphi(k)+(m+1)(\tan^{-1}$$

$$(2k\delta)-(2k\delta)\right] \quad\dots\dots\dots\dots\dots\dots\dots(3.2.3)$$

의 수정된 EXAFS 식을 구할 수 있다. 이것을 Ratio method에 의해 진폭과
위상으로 분리한 후 Cumulant 전개하면

$$\ln\left[\frac{k\chi(k)}{NS_0^2(k)F(k)}\right] = C_0 - C2\frac{(2k)^2}{2!}+C_4\frac{(2k)^4}{4!} \quad\dots\dots\dots(3.2.4)$$

$$\phi-\delta(k) = 2k\overline{R}-\frac{(2k)^3}{3!}C_3+\frac{(2k)^5}{5!}C_5 \quad\dots\dots\dots\dots(3.2.5)$$

이 되므로, 실험 스펙트럼으로부터, C_n을 구할 수 있다. 또한 Cumulant C_n
은 effective pair distribution function으로부터

$$C_n = \frac{\displaystyle\int_0^\infty (r-R)^n P(r)dr}{\displaystyle\int_0^\infty P(r)dr} = (m+1)(n-1)!\delta^n \quad\dots\dots\dots(3.2.6)$$

을 구할 수 있어서 이것들을 서로 비교하면, m, δ, r_m 등을 알 수 있다. 이
parameter들의 값을 effective pair distribution function에 대입하면 그것의 분
포를 알 수 있다.

3

Pair distribution function과 Pair potential

고체를 구성하는 원자들은 원자들 간의 potential의 영향을 받으며 진동하고 있고 또한 열적 평형관계에 있으므로 pair distribution function은 원자 간 pair potential과 밀접한 관계가 있다. 따라서 고체에서 pair distribution function은 다음과 같이 pair potential 및 Boltzmann 분포함수로 주어질 수 있다.

$$g(r)dr = Ce^{-\frac{V(r)}{k_B T}} 4\pi r^2 dr \quad\text{...}(3.3.1)$$

여기서 C는 비례상수이고, $V(r)$은 원자 간 potential이다. 고체에서 $V(r)$은 일반적으로 조화 potential과 비조화 potential을 포함하여

$$V(r) = \frac{1}{2}k_o(r-r_0)^2 - k_3(r-r_0)^3 + k_4(r-r_0)^4 \quad\text{.......................}(3.3.2)$$

로 나타낼 수 있다. 여기서 k_0는 스프링 상수, k_3는 원자들의 반발력에 의한 비조화 항, k_4는 진동의 softening에 따른 보정항이다. 이 potential과 pair distribution function과의 관련 식으로부터

$$V(r) = -(k_B T) \ln\left[C\left(\frac{(r-r_m)}{\delta}\right)^s e^{-\left(\frac{r-r_m}{\delta}\right)} \right] \quad\text{.........................(3.3.3)}$$

로 나타낼 수 있다. 여기서 C은 비례상수이다. 우변의 함수를 조화 진동의 평형거리 r_0에 대하여 전개하여 비교하면 k_0, k_3, k_4와의 관계식을 구할 수 있다.

$$r_0 = r_m + s\delta \quad\text{...(3.3.4)}$$

$$k0 = \frac{k_B T}{s\delta^2} \quad\text{...(3.3.5)}$$

$$k_3 = \frac{k_B T}{3s^2\delta^3} \quad\text{...(3.3.6)}$$

$$k_4 = \frac{k_B T}{4s^3\delta^4} \quad\text{...(3.3.7)}$$

이고 3차항까지 전개하면, s, δ는

$$s = \frac{k_0^3}{9k_3^2(k_B T)} \quad\text{...(3.3.8)}$$

$$\delta = \frac{3k_3}{k_0^2}(k_B T) \quad\text{...(3.3.9)}$$

이다. 여기서 k_B는 볼츠만상수이다.

2원자 분자의 경우 원자 간 potential은 Morse potential로 나타낼 수 있다. Morse potential은

$$V(r) = D\left(1 - e^{-\left(\frac{r-r_0}{\sigma_M}\right)}\right)^2 \qquad \dots\dots\dots\dots\dots\dots\dots\dots\dots\dots\dots\dots\dots(3.3.10)$$

로 표현된다. 여기서 D는 해리에너지(dissociation energy)이고, σ_M은 potential 폭, r_0는 평형거리이다. $r - r_0 \ll \sigma_M$인 경우

$$V(r) = \frac{D}{\sigma_M^2}(r - r_0)^2 - \frac{D}{\sigma_M^3}(r - r_0)^3 \qquad \dots\dots\dots\dots\dots\dots\dots\dots\dots\dots(3.3.11)$$

로 전개할 수 있다. 이 분자들이 서로 응집된 상태일 때 pair distribution function과 pair potential의 관계식을 이용할 수 있다. 이 경우 pair distribution function과 pair potential 사이에는 근사적으로

$$\sigma_M = \frac{3}{2}s\delta \qquad \dots\dots\dots\dots\dots\dots\dots\dots\dots\dots\dots\dots\dots\dots\dots(3.3.12)$$

$$D = \frac{9}{8}k_B T s \qquad \dots\dots\dots\dots\dots\dots\dots\dots\dots\dots\dots\dots\dots\dots(3.3.13)$$

의 관계가 성립한다.

4

EXAFS와 열팽창

EXAFS에서 열팽창의 효과는 EXAFS 스펙트럼의 진폭과 위상에서 나타난다. 조화진동의 효과는 Debye–Waller 인자로 나타나지만 비조화진동의 효과는 Debye–Waller 인자 및 원자 간 거리에 영향을 준다. 따라서 열팽창은 이웃원자들의 비조화진동과 관련되어 있다. 만일 조화진동만 한다면 오직 Debye–Waller 인자에만 영향을 주기 때문이다. EXAFS 열팽창에 관한 효과를 관찰하기 위해서는 온도변화에 따른 EXAFS 스펙트럼의 진폭 및 위상을 자세히 분석해야 한다. 또한 열진동을 분석하기 위해서는 반드시 pair distribution function을 분석하든가, 또는 effective pair distribution을 분석해야 한다. 만일 전통적인 표준 EXAFS 관련 식을 이용할 경우 열운동의 효과가 Debye–Waller 인자에만 고려되므로 조화진동의 효과만 알아볼 수 있고 따라서 열팽창의 효과는 분석할 수 없다. pair distribution function을 분석할 경우 온도 변화에 따른 R, σ^2, δ의 변화를 측정할 수 있고, 이것들로부터 r_0, r_m, s, δ의 값을 구할 수 있다. Par distribution function 분석에서 근사적으로

$$R = r_m + (s+1)\delta = r_0 + \delta \quad\text{...}(3.4.1)$$

$$r_0 = r_m + s\delta \quad\text{...}(3.4.2)$$

이었고, pair distribution function parameter와 pair potential parameter 사이
의 관계식

$$s = \frac{k_0^3}{9k_3^2(k_BT)} \quad\text{(3.4.3)}$$

$$\delta = \frac{3k_3}{k_0^2}(k_BT) \quad\text{(3.4.4)}$$

을 이용하면 선팽창계수를 구할 수 있다. 실험적인 경험에 따르면 비조화 열
진동의 범위에서 평형거리 r_0의 온도 변화는 무시할 정도이므로

$$\frac{dR}{dT} \approx \frac{d\delta}{dT} = \frac{3k_3k_B}{k_0^2} \quad\text{(3.4.5)}$$

임을 알 수 있다.
체팽창계수 κ는

$$\kappa = \frac{1}{V}\frac{dV}{dT} = \frac{1}{\frac{4}{3}\pi R^3}\times 4\pi R^2\frac{dR}{dT} = 3\frac{1}{R}\frac{dR}{dT} \quad\text{(3.4.6)}$$

로 나타낼 수 있고, 체팽창계수 κ와 선팽창계수 α

$$\kappa = 3\alpha \quad\text{(3.4.7)}$$

의 관계를 이용하면

$$\alpha = \frac{1}{R}\frac{dR}{dT} \quad\text{...(3.4.8)}$$

또는

$$\alpha = \frac{1}{R}\frac{3k_3 k_B}{k_0^2} = \frac{1}{R}\frac{\delta}{T} \quad\text{...(3.4.9)}$$

이다. 여기서 T는 측정 온도이고, R은 평균 원자 간 거리이다. 선팽창계수와 potential parameter, k_0, k_3와의 관계에서 선팽창계수는 비조화 potential 변수 k_3에 비례하고 힘상수 k_0의 제곱에 반비례하며 온도에는 무관한 것을 알 수 있다. 따라서 k_3의 값이 매우 작은 경우 원자들은 조화진동(harmonic vibration)만 할 것이 예상되는데 이 경우 선팽창계수는 매우 작은 값이 된다. 대부분의 금속들은 다양한 값의 선팽창계수를 가짐으로 다양한 비조화 진동(anharmonic vibration)을 하고 있음을 알 수 있다. 또한 힘상수 k_0는 두 온도 차이에서 Debye – Waller factor의 차이를 알면,

$$k_0 = \frac{k_B}{\Delta\sigma^2}(\Delta T) \quad\text{...(3.4.10)}$$

로 k_0을 측정할 수 있고, 선팽창계수를 알면 비조화 potential parameter k_3을 계산할 수 있다.

EXAFS를 이용하여 열팽창을 조사하기 위해서는 pair distribution function (PDF)을 구할 때 세심한 주의가 요구된다. PDF의 lineshape는 EXAFS 스펙트럼의 변화에 민감한데, EXAFS 스펙트럼 추출 시 E_0의 선택에 따라 EXAFS 스펙트럼의 lineshape이 변화한다. <그림 3.4.1>은 동일한 X – 선 흡수 스펙트럼으로부터 E_0을 변화시키면서 추출한 EXAFS spectrum을 나타내고 있다.

그림에서 보는 바와 같이 작은 E_0의 변화가 스펙트럼을 심하게 왜곡하고 있음을 볼 수 있다. 이러한 왜곡은 Fitting 과정에서 Fitting 변수의 값으로 상당부분 회복될 수 있으나 disorder가 심한 경우 회복이 불가능할 수 있다.

현재 대부분의 EXAFS 분석에서는 E_0를 흡수 edge 근방에서 임의로 택한 후 fitting 과정에서 fitting 변수로 ΔE_0을 택하여 구하도록 하고 있다. 따라서 PDF 분석에서는 E_0의 선택에 세심한 주의가 요구된다. 경험적으로 E_0의 선택은 Normalize near edge 스펙트럼에서 반 – step(step의 1 / 2)의 에너지를 E_0 선택하는 것이 적절하다. 그러나 좀 더 정확한 분석을 위해서는 체계적인 E_0 선택의 방법을 개발할 필요가 있다.

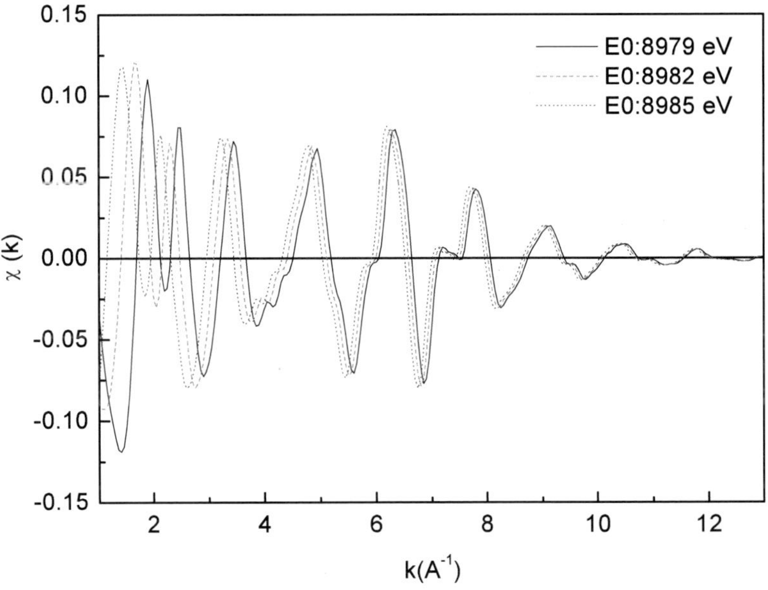

〈그림 3.4.1〉 Cu 박막에 대한 Cu K edge EXAFS 분석에서 E_0에 따른 EXAFS spectrum의 비교

5

EXAFS와 상전이 분석

물질에서 상전이가 일어날 때 상전이 전후에서 국부구조의 변화가 예상된다. 상전이 전후에 구조변화가 명확한 경우 표준 EXAFS 분석법으로 분석하면 인접원자수, 인접원자까지의 거리, Debye-Wall 인자의 변화 등을 구할 수 있다. 그러나 상전이 시에 구조 변화가 미세한 경우 EXAFS 스펙트럼의 미세한 변화를 분석해야 하므로 이 경우에는 pair distribution function 분석이 효과적이다. <그림 3.5.1>은 Ni2MnGa 자성형상 기억합금의 자화도를 온도에 따라 나타낸 것이다. 그림에서 보는 바와 같이 이 물질은 $T_c = 380K$의 큐리온도를 가지고 있으며, 약 $200-250K$ 사이에서 austenite $\rightarrow$ martensite 상전이 구간을 갖고 있다.

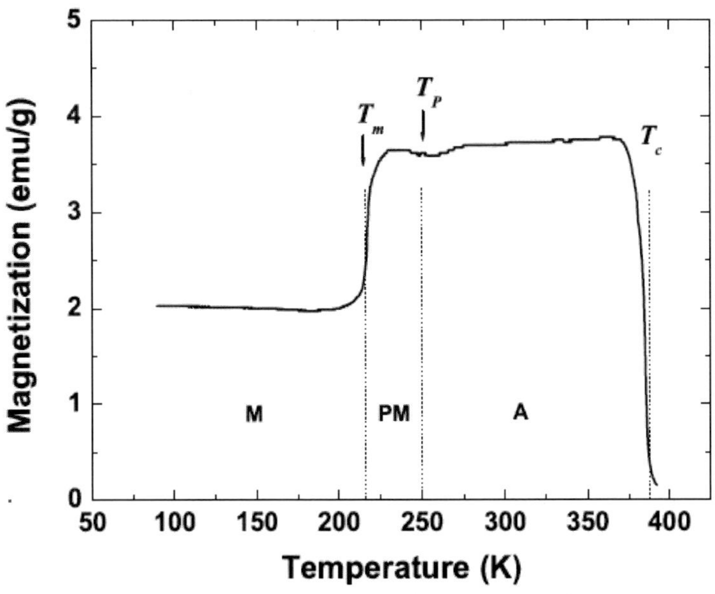

(출처: Journal of the Korean Physical Society, Vol.50, No.4, April(2007), pp.1078 - 1083)

〈그림 3.5.1〉 Ni2MnGa 자성형상 기억합금의 온도 변화에 따른 Magnetization. T_m, T_p, T_c는 각각 martensite, pre-martensite, Curie 온도를 나타낸다.

이 상전이 구간에서 구조의 변화를 관찰하기 위하여 EXAFS 분석을 실시하였다. <그림 3.5.2>는 150K, 230K, 300K에서 구한 EXAFS spectrum이다. 그림에서 보는 바와 같이 상전이 구간에 있는 230K에서 EXAFS spectrum은 다른 것과 큰 차이가 없다. 이 경우 표준 EXAFS로 분석할 경우 거의 상전이 구간에서 구조의 변화를 관측하기 어렵다.

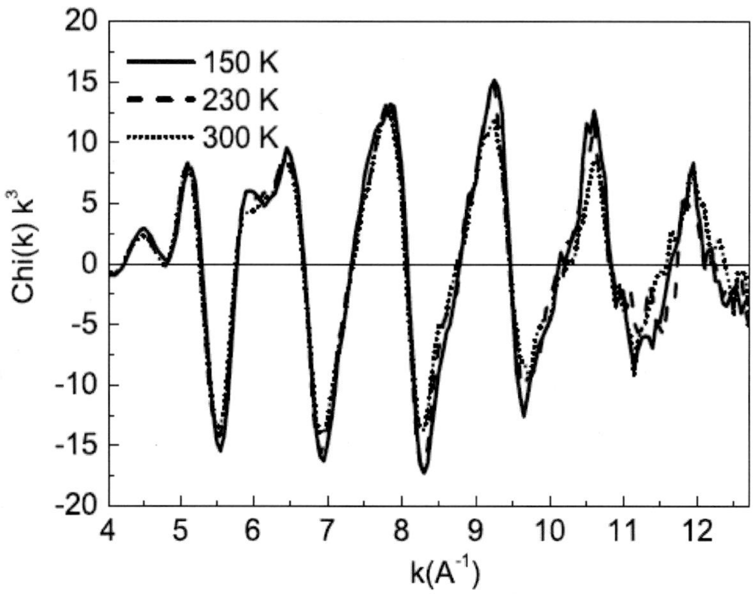

(출처: Journal of the Korean Physical Society, Vol.50, No.4, April(2007), pp.1078 - 1083)

〈그림 3.5.2〉 Ni2MnGa 자성형상 기억합금에 대한 EXAFS spectrum

상전이 시의 구조 변화를 분석하기 위하여 pair distribution function 분석을 실시하였고, PDF로부터 σ^2, σ^3에 관한 변화를 추출하였다.

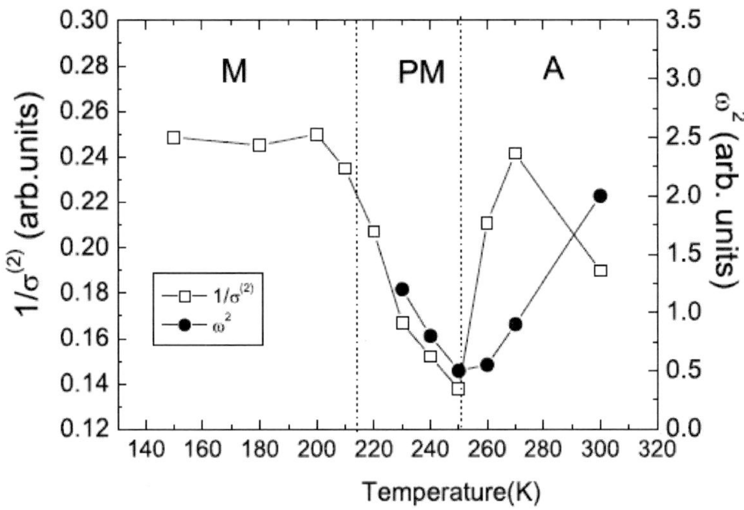

(출처: Journal of the Korean Physical Society, Vol.50, No.4, April(2007), pp.1078 - 1083)

〈그림 3.5.3〉 온도 변화에 따른 $1/\sigma^2$와 포논 진동수 ω^2의 변화

<그림 3.5.3>은 온도 변화에 따른 σ^2의 변화를 나타낸 것이다. 그림에서 보는 바와 같이 σ^2 값이 상전이 구간에서 많이 증가해 있음을 볼 수 있고, 이것은 포논 진동수가 상전이 구간에서 가지는 경향과 유사함을 알 수 있다. 이와 비슷한 경향은 σ^3에서도 발견된다. <그림 2.5.4>는 온도 변화에 따른 σ^3의 변화를 나타낸 것이다. 그림에서 보는 바와 같이 상전이 온도 구간에서 σ^3의 값이 많이 증가해 있음을 볼 수 있다.

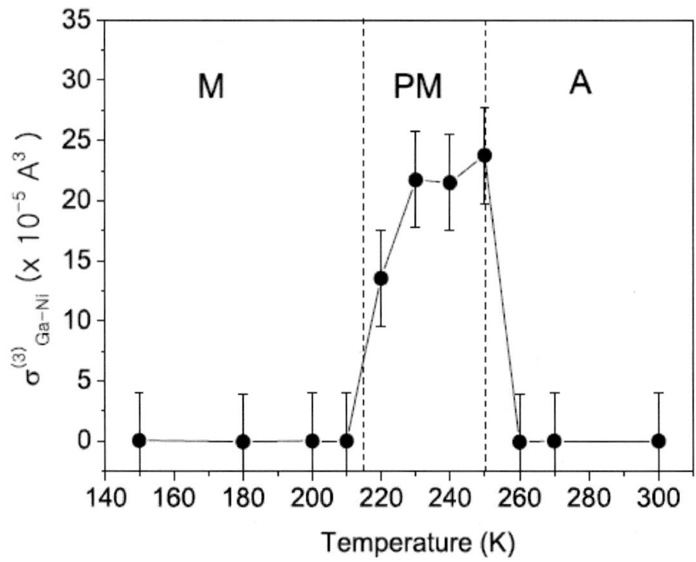

(출처: Journal of the Korean Physical Society, Vol.50, No.4, April(2007), pp.1078 – 1083)

〈그림 3.5.4〉 온도 변화에 따른 σ^3의 변화

제4장

EXAFS 이론

1

전자의 전이율

　　EXAFS 신호는 edge 이후의 X선 흡수 스펙트럼에서 추출되므로 EXAFS를 이해하기 위해서는 흡수 스펙트럼의 형성 과정을 이해할 필요가 있다. 흡수 edge가 형성되는 이유는 원자의 기저에 있는 전자가 X선의 에너지를 흡수하여 들뜬 상태로 여기되거나 원자 밖으로 튕겨져 나가는 과정에서 갑자기 많은 에너지를 흡수함으로써 형성되기 때문이다. 전자의 전이에서 가장 큰 영향을 미치는 것은 쌍극자 전이이며 이때 전이율은 Fermi 황금률에 의해

$$W = \frac{2\pi}{\hbar}(\frac{eE_0}{2})^2 |<i|z|f>|^2 \rho(E_f) \quad \text{..(4.1.1)}$$

로 주어진다. 여기서 E_0는 쌍극자에 작용하는 편광된 빛의 전기장의 세기이고, $<i|$는 전자의 초기 상태, $|f>$는 전자의 최종 상태이며, $\rho(E_f)$는 최종 상태의 상태수이다. 초기 상태의 에너지 E_i와 마지막 상태의 에너지 E_f의 차이는

$$E_f - E_i = \hbar\omega \quad \text{..(4.1.2)}$$

이고, $\hbar\omega$는 광자의 에너지이다. 전자가 전자기파로부터 단위 부피당 흡수하는 에너지 흡수율은

$$\frac{du_e}{dt} = \hbar\omega\, WN_a \quad\text{...}(4.1.3)$$

이고, 전자기파가 잃는 에너지 손실률은 $\frac{du}{dt} = -\frac{du_e}{dt}$ 이다. 여기서 N_a는 단위 부피당 원자의 수이다. 이 식에 황금률 W를 대입하면 전자기파의 에너지 흡수율은

$$\frac{du}{dt} = -4\pi^2\omega e^2 N_a u|<i|z|f>|^2\rho(E_f) \quad\text{...............................}(4.1.4)$$

이며, 여기서 $u = E_0^2/8\pi$이다. X선의 흡수계수 μ는

$$\frac{du}{dx} = -\mu u \quad\text{...}(4.1.5)$$

에서 정의되고, 전자기파는 빛의 속력으로 진행하기 때문에 $dx = cdt$이므로 흡수계수μ는

$$\mu = \frac{4\pi^2\omega e^2}{c}N_a|<i|z|f>|^2\rho(E_F) \quad\text{..............................}(4.1.6)$$

로 계산될 수 있다. 여기서 c는 광속도, ω전자기파의 각진동수(angular frequency)이다. 또한 $z = rcos\theta$이고 $<i|$는 각 의존도가 없는 s파($l = 0$)이므로 $|<i|z|f>|^2$이 영이 되지 않기 위해서는 $|f>$는 $\cos\theta$의 각 의존도가 있어야 한다. 이렇게 되기 위해서 중심력의 영향을 받는 전자에 대한 $|f>$는 부양자수 $l = 1$, 자기양자수 $m = 0$을 가져야 한다. 그리고 흡수계수를 구하기 위해서는 초기 상태 $<i|$와 최종 상태 $|f>$의 파동함수를 구해야 한다.

2

중심력 퍼텐셜의 영향에 있는 전자의 파동함수

EXAFS 현상을 이해하기 위해서는 먼저 퍼텐셜 V(r)의 영향을 받는 전자의 고유 상태를 조사할 필요가 있다. 정상 상태의 파동함수는 시간 무의존 Schrödinger 방정식으로부터 구할 수 있다. 퍼텐셜 $V(r)$의 영향을 받는 입자에 대한 Hamiltonian H는

$$H = \frac{P^2}{2m} + V(r) \quad \text{...(4.2.1)}$$

이고 Schrödinger 방정식은

$$\frac{-\hbar^2}{2m} \nabla^2 \Psi + V(r)\Psi = E\Psi \quad \text{...(4.2.2)}$$

이고, 구극좌표계에서

$$\nabla^2 = \frac{1}{r^2}\frac{\partial}{\partial r}\left(r^2\frac{\partial}{\partial r}\right) + \frac{1}{r^2}\left(\frac{1}{\sin\theta}\frac{\partial}{\partial\theta}\left(\sin\theta\frac{\partial}{\partial\theta}\right) + \frac{1}{\sin^2\theta}\frac{\partial^2}{\partial\phi^2}\right) \quad \text{....(4.2.3)}$$

이고, 분리 상수 $l(l+1)$과 $L^2 = l(l+1)\hbar^2$를 이용하면

$$\nabla^2 = \frac{1}{r^2}\frac{\partial}{\partial r}\left(r^2\frac{\partial}{\partial r}\right) - \frac{L^2}{\hbar^2 r^2} \quad \text{...(4.2.4)}$$

및

$$\frac{1}{r^2}\left(\frac{1}{\sin\theta}\frac{\partial}{\partial\theta}(\sin\theta\frac{\partial}{\partial\theta})+\frac{1}{\sin^2\theta}\frac{\partial^2}{\partial\phi^2}\right)=-l(l+1) \quad \text{.................(4.2.5)}$$

이고, 지름성분 파동함수를 $R(r)$로 나타내면 지름성분의 파동방정식은

$$-\frac{\hbar^2}{2m}\left(\frac{1}{r^2}\frac{\partial}{\partial r}(r^2\frac{\partial}{\partial r})-\frac{L^2}{\hbar^2 r^2}\right)R(r)+V(r)R(r)=ER(r) \quad \text{..........(4.2.6)}$$

이다. θ,ϕ성분의 파동함수를 $Y(\theta,\phi)$로 나타내면, θ,ϕ 방향의 파동방정식은

$$\left(\frac{1}{\sin\theta}\frac{\partial}{\partial\theta}(\sin\theta\frac{\partial}{\partial\theta})+\frac{1}{\sin^2\theta}\frac{\partial^2}{\partial\phi^2}\right)Y(\theta,\phi)=-l(l+1)Y(\theta,\phi) \quad \text{....(4.2.7)}$$

이다. $Y(\theta,\phi)$를

$$Y(\theta,\phi)=\Theta(\theta)\Phi(\phi) \quad \text{.......................(4.2.8)}$$

로 놓으면 θ,ϕ 방향의 파동방정식은 또 다른 분리 상수 m을 도입하여

$$\left(\frac{1}{\sin\theta}\frac{\partial}{\partial\theta}(\sin\theta\frac{\partial}{\partial\theta})\right)\Theta(\theta)+\left(l(l+1)-\frac{m^2}{\hbar^2\sin^2\theta}\right)\Theta(\theta)=0 \quad \text{.......(4.2.9)}$$

과

$$\frac{\partial^2\Phi}{\partial\phi^2}=-\frac{m^2}{\hbar^2}\Phi \quad \text{..(4.2.10)}$$

로 분리할 수 있다.

3

구대칭 사각우물 퍼텐셜의 영향하에서
운동하는 전자의 파동함수

원자의 기저상태에 있던 전자가 원자 밖으로 튕겨져 나갔을 때 원자 밖에서의 전자의 파동함수를 구하고자 한다. 그러나 중심력장에서 움직이는 전자의 파동방정식을 완전히 푸는 것은 상당히 복잡한 계산 과정이 요구된다. 기저상태에 있던 전자가 원자 밖으로 탈출한 상태의 파동방정식은 근사적으로 <그림 4.2.1>과 같은 구대칭 사각우물 퍼텐셜(3차원일 때에는 muffin-tin potential)의 영향을 받는 전자의 파동함수로 나타낼 수 있다.

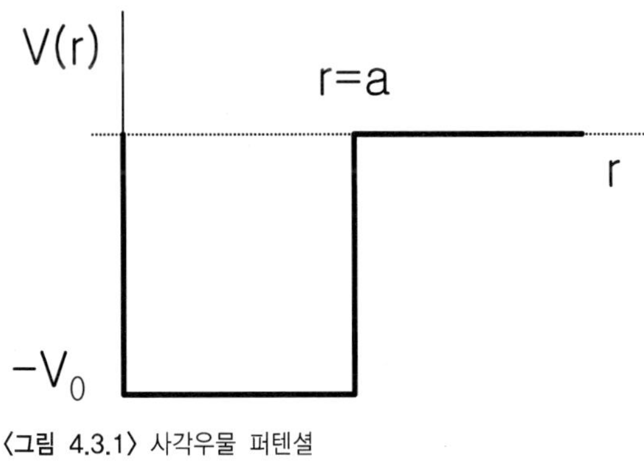

〈그림 4.3.1〉 사각우물 퍼텐셜

구대칭 사각우물 퍼텐셜을 이용할 경우 지름 방향의 파동방정식은

$$-\frac{\hbar^2}{2mr^2}\frac{d}{dr}(r^2\frac{dR(r)}{dr})+\frac{\hbar^2(l(l+1)}{2mr^2}R(r)=(E+V_0)R(r), \quad r\langle a$$

$$\dotfill(4.3.1)$$

$$-\frac{\hbar^2}{2mr^2}\frac{d}{dr}(r^2\frac{dR(r)}{dr})+\frac{\hbar^2(l(l+1)}{2mr^2}R(r)=ER(r), \quad r\rangle a \dotfill(4.3.2)$$

이고 $r>a$ 경우에 미분방정식의 해는

$$R(r)=Bh_l^{(1)}(kr) \dotfill(4.3.3)$$

이고, 여기서

$$k=i\sqrt{\frac{-2mE}{\hbar^2}} \dotfill(4.3.4)$$

이고 $h_l^{(1)}(x)$는 spherical Hankel function이다. θ,ϕ 방향의 파동함수는 구면 조화함수 $Y_{lm}(\theta,\phi)$로 주어진다. EXAFS 신호는 전자의 전이율과 관계가 있어서 선택규칙을 만족해야 한다. $l=1$, $m=0$인 경우 θ,ϕ 방향의 파동함수는 구면 조화함수(spherical harmonics)

$$Y_{10}=\sqrt{\frac{3}{4\pi}}\cos\theta \dotfill(4.3.5)$$

이다. 지름 방향의 파동함수는 $h_1^+(kr)$로도 나타낼 수 있다. 여기서 h_1^+는 밖으로 나가는 Hankel function이며, $h_l^+=ih_l^{(1)}$이다. 따라서 원자 중심으로부터 거리 r에서의 전자의 파동 함수는 $\Psi(r,\theta)=R(r)Y_{10}(\theta,\phi)$ 또는

$$\Psi(r,\theta) = h_1^+(kr)\cos\theta = \left[(kr)^{-1} + i(kr)^{-2}\right]e^{ikr}\cos\theta \quad \text{.................(4.3.6)}$$

로 나타낼 수 있다. 여기서 EXAFS 신호 계산에서 자동 상쇄될 위상변화 인자는 미리 생략하였다.

4

전자의 산란

중심원자에서 튕겨져 나온 전자는 인접원자에서 산란하게 되는데 EXAFS 신호를 이해하기 위해서는 후방 산란하는 전자의 파동함수를 구해야 한다. <그림 4.4.1>은 산란 영역의 왼쪽에서 산란 영역으로 입사한 평행광선이 산란되어 나가는 것을 나타낸 것이다. 산란 영역을 지난 부분에서의 파동함 수는 산란되지 않은 파와 산란된 파의 중첩으로 나타낼 수 있다.

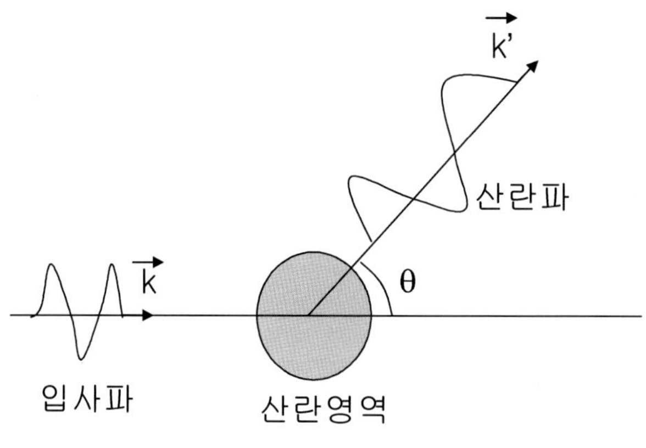

〈그림 4.4.1〉 전자의 산란

이것을 알기 위해서 이 영역에서의 파동방정식의 해를 구한다. 파동방정 식은

$$(\nabla^2 + k^2)\psi(x) = \frac{2m}{\hbar^2} V(r)\psi(x) = U(r)\Psi(x) \quad \text{.....................(4.4.1)}$$

이고 Green 함수 G(x, x ′)이

$$(\nabla^2 + k^2)G(x,x') = \delta(x - x') \quad \text{..(4.4.2)}$$

을 만족한다. Green 함수를 이용하면 파동함수의 해는

$$\psi(x) = \phi(x) + \int G(x,x')U(r)\psi(x')d^3x' \quad \text{..............................(4.4.3)}$$

이다. 이 경우에 적합한 Green 함수는

$$G(x,x') = \frac{-e^{ik|x-x'|}}{4\pi|x-x'|} \quad \text{..(4.4.4)}$$

이므로, 이 함수를 이용하면 전자의 파동함수는

$$\psi(x) = \phi(x) - \frac{1}{4\pi} \int \frac{e^{ik|x-x'|}}{|x-x'|} U(r)\psi(x')d^3x' \quad \text{......................(4.4.5)}$$

으로 계산될 수 있다. 특히 입자가 충돌하는 지점에서 멀리 떨어져 나온 입자의 경우로

탄성 산란을 하는 경우 k, k'의 크기는 같고

$$\psi(x) = e^{ikx} - \frac{1}{4\pi}\frac{e^{ikr}}{r}\int d^3x' U(r')e^{-ik'x'}\psi(x') \quad \text{........................(4.4.6)}$$

로 나타낼 수 있다, 제1차 Born 근사(approximation)를 사용하면

$$\psi(x) = e^{ikx} + \frac{e^{ikr}}{r}\left(-\frac{1}{4\pi}\right)\int d^3x'\, U(r')e^{i(k-k')x'}\psi(x') \quad \text{.............(4.4.7)}$$

또는

$$\psi(x) = e^{ikx} + f(\theta,\phi)\frac{e^{ikr}}{r} \quad \text{..(4.4.8)}$$

이며, 여기서 산란 진폭 $f(\theta,\phi)$는

$$f(\theta,\phi) = -\frac{m}{2\pi\hbar^2}\int V(r')e^{i(k-k')x'}d^3x' \quad \text{...................................(4.4.9)}$$

이다.

5

전자의 산란 진폭

$r = 0$의 산란 중심에서 멀리 떨어져 있는 전자에 대한 파동함수를 구하기 위하여 $V = 0$의 경우 Schrödinger 방정식의 해를 구하여 정리하면 입사파 e^{ikz}는

$$e^{ikz} = \frac{1}{kr} \sum_l \sqrt{\pi(2l+1)}\, i^{l-1} [e^{i(kr - \frac{l}{2}\pi)} - e^{-i(kr - \frac{l}{2}\pi)}] Y_{l0} \quad \ldots\ldots\ldots\ldots(4.5.1)$$

로 나타낼 수 있다. 우변 첫 항은 $r = 0$에서 밖으로 나가는 파를 나타내고, 우변 두 번째 항은 $r = 0$으로 들어오는 파를 나타내며, 입사하는 평면파는 $r = 0$을 중심으로 들어오는 파와 나가는 파의 중첩으로 나타낼 수 있음을 볼 수 있다.

만일 $r = 0$인 점에서 입사파가 산란되면 중심에서 나가는 파가 변형될 것이기 때문에 원점에서 멀리 떨어진 전자의 파동함수는

$$\psi = \frac{1}{kr} \sum_l \sqrt{\pi(2l+1)}\, i^{l-1} [s_l e^{i(kr - \frac{l}{2}\pi)} - e^{-i(kr - \frac{l}{2}\pi)}] Y_{l0} \quad \ldots\ldots\ldots\ldots(4.5.2)$$

일 것이 예상된다. 여기서 s_l 산란에 따른 파의 변형인자이다. $s_l = (s_l - 1) + 1$로 다시 쓰고 파동함수를 다시 정리하면

$$\psi = \frac{1}{kr}\sum_l \sqrt{\pi(2l+1)}\, i^{l-1}\left((s_l-1)e^{i(kr-\frac{l}{2}\pi)} + e^{i(kr-\frac{l}{2}\pi)} - e^{-i(kr-\frac{l}{2}\pi)}\right]Y_{l0}$$

$$\dotfill(4.5.3)$$

이고 위의 식을 이용하면

$$\psi = e^{ikz} + \frac{e^{ikr}}{r}\frac{1}{k}\sum_l \sqrt{\pi(2l+1)}\, i^{l-1}\left[(s_l-1)e^{(-\frac{il}{2}\pi)}\right]Y_{l0} \quad\dotfill(4.5.4)$$

이므로 산란 진폭 $f(\theta)$는

$$f(\theta) = \frac{(-i)}{k}\sum_l \sqrt{\pi(2l+1)}\,(s_l-1)Y_{l0} \dotfill(4.5.5)$$

이고 $Y_{l0} = \sqrt{\dfrac{2l+1}{4\pi}}\,P_l(\cos\theta)$이므로

$$f(\theta) = \frac{(-i)}{2k}\sum_l (2l+1)(s_l-1)P_l(\cos\theta) \dotfill(4.5.6)$$

이다. 탄성 산란의 경우 $r=0$으로 들어오는 파와 나가는 파가 같은 확률을 가짐으로써

$$|s_l|^2 = 1 \dotfill(4.5.7)$$

이고, 일반적으로 위상변이 $\delta_l(k)$로 나타내면

$$s_l = e^{2i\delta_l(k)} \dotfill(4.5.8)$$

로 나타낼 수 있어서

$$s_l - 1 = e^{2i\delta_l} - 1 = 2ie^{i\delta_l}\sin\delta_l \quad\dotfill(4.5.9)$$

이고, 이것을 이용하면 산란 진폭은

$$f(\theta) = \frac{1}{k}\sum_{l}^{\infty}(2l+1)e^{i\delta}\sin\delta_l P_l(\cos\theta) \quad\dotfill(4.5.10)$$

로 나타낼 수 있다.

6

X선 흡수계수와 EXAFS equation

<그림 4.6.1>에서 보인 바와 같이 중심원자에서 밖으로 나간 전자의 파동함수가 거리 r_j에 위치해 있는 인접원자로부터 α의 각으로 산란하여 중심원자로부터 거리 r에 도달한다. 이때 산란 파동은 제1차 Born 근사로 계산할 때

$$\psi_{sc} = h_1^+(kr_j)\frac{e^{ik|\vec{r}-\vec{r}_j|}}{k|\vec{r}-\vec{r}_j|}\cos\theta_j f(\alpha) \quad\dots\dots\dots\dots\dots\dots\dots\dots\dots\dots\dots(4.6.1)$$

이다. 여기서, $f(\alpha)$는 사각퍼텐셜(muffin - tin potential)로부터 계산된 산란 진폭이다.

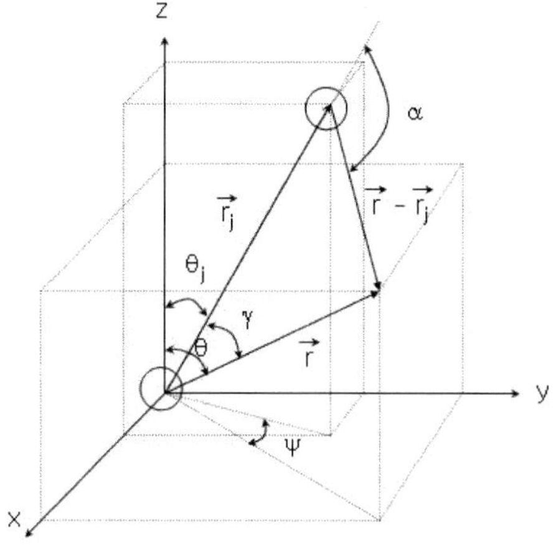

〈그림 4.6.1〉 후방 산란된 파동함수의 간섭

그러나 EXAFS 신호는 중심원자로부터 나가는 파와 이 산란된 파의 중첩으로 계산되지 않는다. 왜냐하면 중심원자로부터 나가는 파와 인접원자에서 산란된 파의 위상 및 경로차가 너무 크기 때문에 가간섭성이 사라진다. 따라서 EXAFS 신호를 계산하기 위해서는 중심원자로부터 나가는 파와 인접원자에서 산란된 파가 중심원자로 돌아오고 이 중심원자로부터 다시 산란하여 r의 위치에 도달한 파의 중첩으로 계산한다. 이때 산란파의 $l = 1$, $m = 0$의 부분파만 간섭성(동일한 대칭성 때문)이 있으므로 이것을 $\psi_{sc}^{(1,0)}$로 나타낸다. Muffin − tin potential 밖에서 산란되지 않은 부분파(partial wave)의 파동함수는

$$\psi_{sc}^{(1,0)} = A(1,0)h_1^-(kr)\cos\theta \quad\text{......................................}(4.6.2)$$

이며, 여기서 $A(1,0)$ $l = 1$, $m = 0$ 부분파의 산란 진폭이고

$$h_1^-(kr) = [(kr)^{-1} i(kr)^{-2}]e^{-ikr} \quad\text{.............................}(4.6.3)$$

이다. 부분파 이론에 따라 중심원자에 들어온 (incoming) 부분파는 중심원자에서 산란하여 밖으로 나가는 (outgoing) 부분파 $\psi_{sc-out}^{(1,0)}$를 발생한다. 밖으로 나가는 (outgoing) 부분파는

$$\psi_{sc-out}^{(1,0)} = A(1,0)h_1^+(kr)e^{i2\delta_l}\cos\theta \quad\text{.............................}(4.6.4)$$

로 나타낼 수 있다. 여기서 $e^{i2\delta_l}$는 중심원자로부터 산란에 따른 위상변화이다. 따라서 위치 r에서의 최종 상태는

$$|f \geqq h_1^+(kr)\cos\theta[1 + A(1,0)e^{i2\delta_l}] \quad\text{.............................}(4.6.5)$$

로 나타낼 수 있다. 여기서 부분파 진폭 $A(1,0)$을 구하기 위하여 (4.5.1)식을 이용한다.

$$h_1^+(kr) = [(kr)^{-1} + i(kr)^{-2}]e^{ikr} \quad\text{...}(4.6.6)$$

에서 $r{\to}0$에 따라서

$$Re[h_1^+(kr)] = \frac{\cos kr}{kr} - \frac{\sin kr}{(kr)^2} \approx -\frac{kr}{3} \quad\text{..............................}(4.6.7)$$

으로 근사된다. 이 근사를 이용하면 $A(1,0)$을 계산할 수 있다. $r{\to}0$ 경우에

$$|\vec{r} - \vec{r}_j| = \sqrt{r^2 + r_j^2 - 2rr_j\cos\gamma} \quad\text{.................................}(4.6.8)$$

이고, 이것을 (4.5.1)식에 대입하여 급수전개하면

$$\psi_{sc} \approx h_1^+(kr_j)\cos\theta_j f(\pi)\frac{e^{ikr}}{kr_j}[1 - ikr\cos\gamma(1 + \frac{i}{kr_j})] \quad\text{...............}(4.6.9)$$

가 된다. 여기서 $f(\pi)$는 인접원자로부터 후방 산란 진폭을 나타내며, $\cos\gamma$ 는 $\vec{r}$과 $\vec{r}_j$의 내적으로 계산된다. 즉

$$\cos\gamma = \cos\theta\cos\theta_j + \sin\theta_j\sin\theta\cos\Psi \quad\text{......................................}(4.6.10)$$

이다. 여기서 $\Psi = \phi - \phi_j$이다. (4.6.8)식과 (4.6.9)식을 비교해 보면 $[-(kr\cos\theta)/3]$의 계수가 $A(1,0)$임을 알 수 있다. 따라서

$$A(1,0) = 3i[(h_1^+(kr_j))^2\cos^2\theta_j f(\pi)] \quad\text{..}(4.6.11)$$

가 된다. 이것을 (4.6.5)식에 대입하면 최종 상태 $|f>$는

$$|f \gtreqless h_1^+(kr)\cos\theta\,[1 + 3i\,[h_1^+(kr)]^2\cos^2\theta_j f(\pi)e^{i2\delta_1}] \quad\text{.....................(4.6.12)}$$

이고, 흡수계수 μ는

$$\mu = \mu_0[1 - 3Im\{[h_1^+(kr_j)]^2\cos^2\theta_j f(\pi)e^{i2\delta_1}\}] \quad\text{...........................(4.6.13)}$$

이고, 인접원자가 여럿인 경우 모두 더하면

$$\mu = \mu_0[1 - 3Im\sum_j\{[h_1^+(kr_j)]^2\cos^2\theta_j f(\pi)e^{i2\delta_1}\}] \quad\text{.....................(4.6.14)}$$

이다. 따라서 EXAFS spectrum은

$$\chi(k) = \frac{\mu-\mu_0}{\mu_0} = 3Im\sum_j\{[h_1^+(kr_j)]^2\cos^2\theta_j f(\pi)e^{i2\delta_1 - i\pi}\} \quad\text{..........(4.6.15)}$$

로 계산된다. 여기서 (-1)은 $e^{-i\pi}$로 나타내었다. 실제적인 실험적 상황에서 $kr_j \gg 1$이므로

$$h_1^+(kr_j) \approx e^{ikr_j}/kr_j \quad\text{...(4.6.16)}$$

로 근사되고, 작은 원자의 경우

$$f_0(\pi) = \sum_l (2l+1)\sin\delta_l e^{i\delta_l}(-1)^l \quad\text{..(4.6.17)}$$

로 계산되고, 따라서 EXAFS spectrum은 근사적으로

$$\chi(k) = 3\sum_{j} f_0(\pi) e^{-i\beta} (\cos^2\theta_j) \frac{1}{(kr_j)^2} \sin(2kr_j + 2\delta_1 + \beta - \pi) \quad.....(4.6.18)$$

이고, 3차원 공간에서 $<3\cos^2\theta_j> = 1$이므로 후방산란 진폭 $F(k)$는

$$F(k) = e^{-i\beta} \frac{k}{m} f_0(\pi) \quad ....(4.6.19)$$

로 놓으면

$$\chi(k) = \sum_{j} \frac{F(k)}{kr_j^2} \sin[(2kr_j) + \delta_j(k)] \quad ....(4.6.20)$$

이 되고, 여기서 $\delta_j(k) = 2\delta_1 + \beta - \pi$이다. 따라서 Debye – Waller 인자 σ^2 및 평균 자유행로 λ에 대한 보정 및 인접원자의 수 N과 함께 나타낸 EXAFS 식은

$$\chi(k) = \sum_{j} \frac{NF(k)}{kr_j^2} e^{-2k^2\sigma^2} e^{-\frac{2R}{\lambda}} \sin[(2kr_j) + \delta_j(k)] \quad ....(4.6.21)$$

이다.

제5장

EXAFS의 활용

1

결정의 local structure 분석

결정의 구조는 일반적으로 X선 회절 분석에 의해 분석된다. X선 회절 분석으로 결정의 space group과 격자 상수가 구해지면 결정의 구조 및 국부구조를 정확하게 분석해 낼 수 있다. 그러나 결정격자를 형성하는 basis가 복잡하게 형성되는 경우 X선 회절을 이용하여 결정의 국부구조를 분석해 내기는 매우 어렵다. EXAFS는 국부구조 분석에 유리하기 때문에 이와 같이 basis가 복잡한 결정에서의 국부구조를 정확하게 분석할 수 있다. 또한 EXAFS 신호는 국부구조의 정보뿐 아니라 전반적인 결정구조의 정보도 어느 정도 포함하고 있어서 결정의 long range order 및 short range order를 동시에 분석할 수 있다.

<그림 5.1.1>은 BCC 구조의 철, FCC 구조의 구리, HCP 구조의 코발트의 EXAFS 스펙트럼을 나타낸 것이다. 그림에서 보는 바와 같이 FCC와 HCP는 서로 유사하나 BCC와는 스펙트럼이 매우 다른 것을 볼 수 있다. 이것은 FCC와 HCP의 결정구조에서 국부구조는 서로 비슷하지만 BCC와는 매우 다른 것을 나타내고 있다.

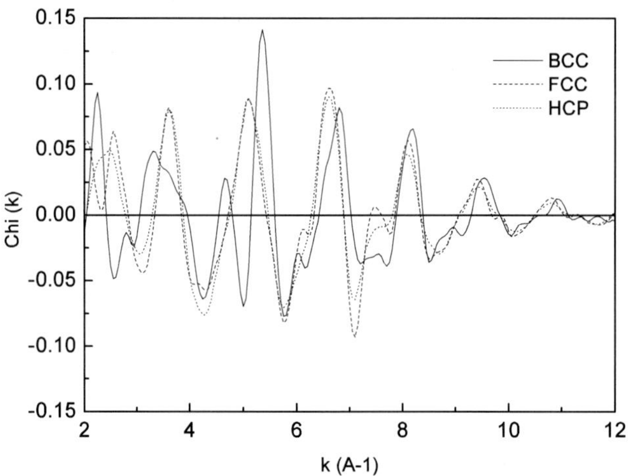

〈그림 5.1.1〉 BCC, FCC, HCP 구조의 EXAFS 스펙트럼

EXAFS 스펙트럼을 Fourie 변환하면 중심원자 주위에 분포하는 인접원자들에 관한 정보를 알 수 있기 때문에 국부구조를 어느 정도 시각화할 수 있다. Fourier transform된 EXAFS 스펙트럼은 실제 공간(real space)의 구조 정보를 나타낸다. 따라서 첫 번째 peak는 첫 번째 가장 가까운 인접원자군까지의 평균거리, 인접원자수, 인접원자의 종류 등의 정보를 갖고 있고, 두 번째 peak는 두 번째 가장 가까운 인접원자군까지의 거리, 인접원자수 등의 정보를 갖고 있다. 그러나 불행히도 Fourier transform에서 보이는 peak의 위치와 bond 길이와는 일치하지 않고 대부분 실제 bond 길이보다 작은 쪽으로 치우쳐져 있다. 정확한 bond 길이를 구하려면 fitting이나 regularization 방법 등으로 분석해야 한다.

<그림 5.1.2> BCC, FCC, HCP 구조의 Fourier transform된 EXAFS 스펙트럼을 나타내고 있다. 그림에서 보는 바와 같이 첫 번째 peak를 비교하여 보면 FCC와 HCP는 아주 비슷하지만 BCC와는 매우 다른 것을 다시 한 번 확인할 수 있고 3−6Å 범위에 있는 peak들을 비교하여 보면 FCC와 HCP 구조의 차이를 비교할 수 있다. peak가 높을수록 ordering 커지므로 FCC가 HCP보다 long range order가 높은 것을 알 수 있다.

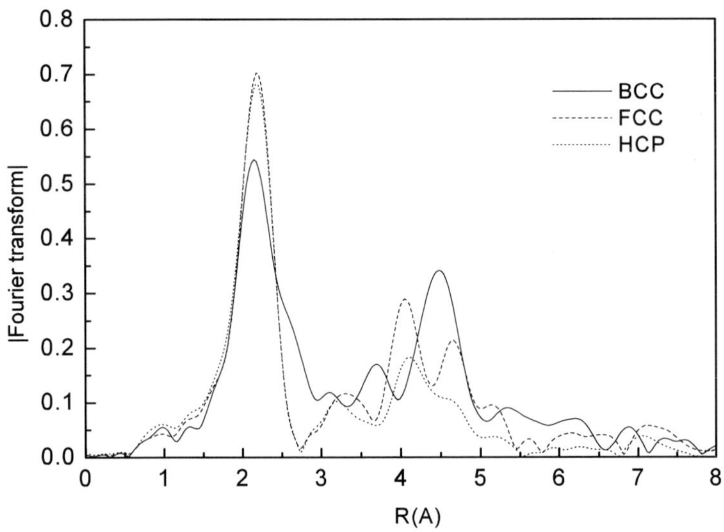

〈그림 5.1.2〉 BCC, FCC, HCP 구조의 Fourier transform된 EXAFS 스펙트럼

또 다른 예로 초크랄스키 방법으로 성장된 $LiNbO_3$에 Fe 불순물을 첨가한 재료의 국부구조 분석이다. <그림 5.1.3>은 0.1%의 Fe 불순물이 $LiNbO_3$ 단결정에 첨가된 시료에 Fe K–edge와 Nb K–edge EXAFS 스펙트럼을 비교한 것이다. 그림에서 보듯이 첫 번째 Peak는 Fe K–edge 경우와 Nb K–edge 경우 매우 비슷함을 볼 수 있고 이것은 Fe 원자 주위와 Nb 원자 주위의 국부구조가 유사함을 알 수 있다. 그러나 Nb 원자 주위의 국부구조는 3–5Å 범위의 long range order가 살아 있는 반면 Fe 원자 주위의 long range order가 거의 사라진 것을 볼 수 있다. 따라서 Fe 원자가 들어간 자리는 구조적으로 변형이 일어나 국부적으로 결정성을 잃은 모습을 볼 수 있다. 이와 같이 결정 내부에 미량의 불순물이 들어간 경우 X선 회절을 이용하여 분석하기는 매우 어렵다.

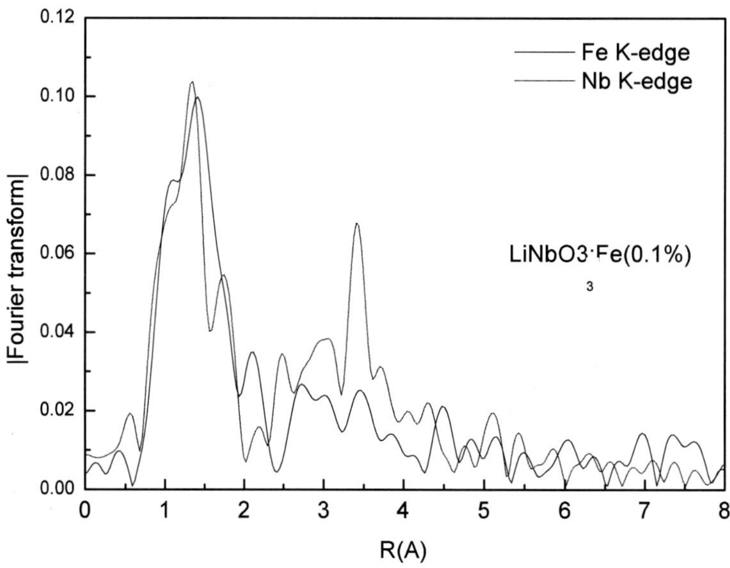

〈그림 5.1.3〉 단결정 LiNbO₃: Fe(0.1%)에 대한 Fe K‑edge, Nb K‑edge EXAFS 스펙
트럼의 Fourier transform 비교

2

원자의 열진동 분석

    원자의 열진동에 따른 X선 흡수계수의 변화는 1931년 Hanawalt에 의해 알려졌고 그 후 1971년 EXAFS 분석법이 개발될 때 이 열진동의 효과는 Debye-Waller 인자로 표현되어 EXAFS 보정식에 포함되었다. 따라서 초기 EXAFS 분석에서 원자의 열진동의 연구는 대부분 온도 변화에 따른 Debye-Waller 인자의 변화를 조사함으로써 원자의 열진동 효과를 분석하는 것이었다. 일반적으로 Debye-Waller 인자는 온도에 비례하여 증가하는 것을 볼 수 있고, Debye-Waller 인자의 증가는 EXAFS 스펙트럼의 진폭을 감소시키는 것으로 나타난다. <그림 5.2.1>은 300K, 500K, 700K에서 측정한 EXAFS 스펙트럼의 Fourier transform을 나타낸 것이다. 그림에서 보는 바와 같이 온도가 증가함에 따라서 진폭이 감소하고 Debye-Waller 인자가 증가하는 것으로 나타났다.

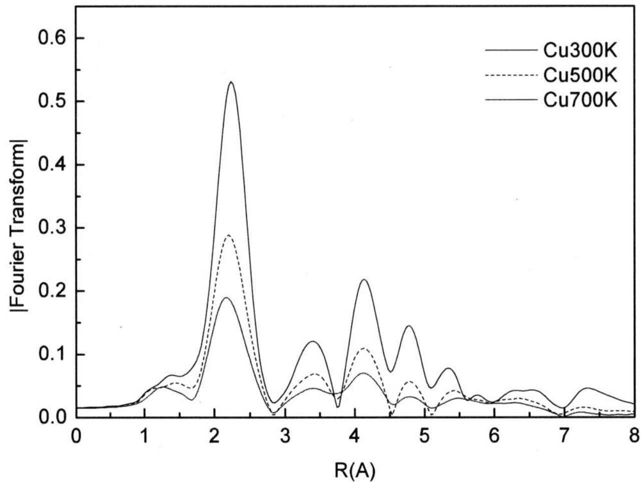

〈그림 5.2.1〉 온도 변화에 따른 구리 금속의 **EXAFS** 스펙트럼의 **Fourier transform**. 측정 온도는 300K, 500K, 700K이다.

<그림 5.2.2>는 구리 원자의 열진동에 따른 Debye‒Waller 인자의 변화를 나타낸 그래프이다. 그림에서 보는 바와 같이 대부분의 온도 구간에서 Debye‒Waller 인자는 온도에 비례하여 증가하는 것을 볼 수 있다.

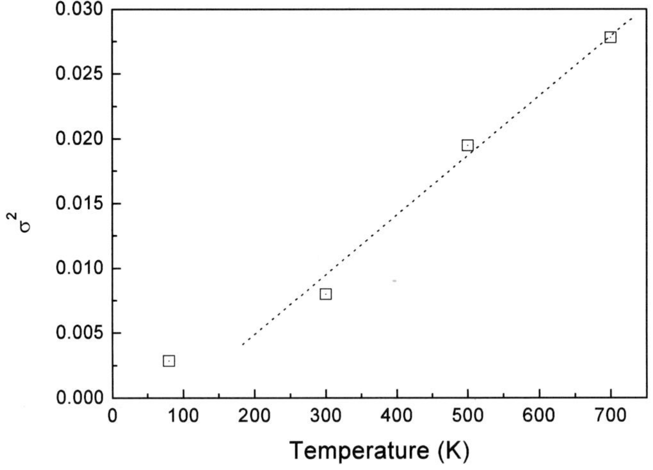

〈그림 5.2.2〉 온도 변화에 따른 구리 원자의 **Debye‒Waller** 인자의 변화

금속에서의 원자의 열진동은 흔히 원자 또는 이온 간 potential과 관계된다. 따라서 (3.3)절에서 유도한 pair distribution function parameter와 pair potential parameter의 관계식을 다시 정리하면 다음과 같다. 금속에서의 원자 간 potential은

$$V(r) = \frac{1}{2}k_o(r-r_0)^2 - k_3(r-r_0)^3 + k_4(r-r_0)^4 \quad\text{.......................}(5.2.1)$$

을 사용할 수 있고 pair distribution function parameter와의 관계는

$$s = \frac{k_0^3}{9k_3^2(k_BT)} \quad\text{..}(5.2.2)$$

$$\delta = \frac{3k_3}{k_0^2}(k_BT) \quad\text{..}(5.2.3)$$

이다. EXAFS parameter σ^2, σ^3는 근사적으로

$$\sigma^2 \approx (s+1)\delta^2 \quad\text{..}(5.2.4)$$

$$\sigma^3 \approx 2(s+1)\delta^3 \quad\text{..}(5.2.5)$$

이기 때문에 potential 변수와 온도로 나타낼 수 있다. 원자가 적절한 온도 범위에서 진동할 때, $s \gg 1$인 근사를 이용하면

$$\sigma^2 \approx C_2 = s\delta^2 = \frac{k_BT}{k_0} \quad\text{...}(5.2.6)$$

$$\sigma^3 \approx C_3 = 2s\delta^3 = 6\left(\frac{k_3}{k_0^3}\right)(k_B T)^2 \quad\text{..(5.2.7)}$$

을 구할 수 있다. 여기서 C_2, C_3는 두 번째 및 세 번째 Cumulants이다. 여기에서 보듯이 Debye – Waller 인자 σ^2는 온도에 비례하고, 힘상수 k_0에 반비례함을 알 수 있다. σ^3에는 비조화(anharmonic) potential parameter k_3가 포함되어 있어서 비조화진동을 하는 물질의 분석에 자주 나타나는 인자이다. 일반적으로 대부분의 금속은 비조화 potential이 사용되므로 항상 비조화와 관련된 σ^3의 인자를 필요로 하겠지만, 온도가 낮은 경우에는 비조화진동을 무시할 수 있어서 이 경우에는 조화진동 항만 고려되므로 Debye – Waller 인자만 의미가 있다.

또한 potential parameter k_0, k_3를 EXAFS parameter로 나타내면

$$k_0 = \frac{k_B T}{\sigma^2} = \frac{k_B T}{C_2} \quad\text{..(5.2.8)}$$

$$k_3 = \frac{1}{6}\frac{C_3}{C_2^3}k_B T \quad\text{..(5.2.9)}$$

금속 원자들이 비조화진동을 하고 있음은 EXAFS 스펙트럼으로로부터 확인할 수 있다. k_3가 매우 작으면 σ^3은 매우 작게 되어 온도 변화에 따라 Debye – Waller 인자에만 주로 영향을 미치기 때문에 앞의 수정된 EXAFS 관계식에서 보듯이 EXAFS 스펙트럼의 온도 변화는 주로 진폭의 변화만 있게 된다. 그러나 비조화진동을 할 경우 δ가 작지 않으므로 수정된 EXAFS 관계식의 위상에 영향을 주게 되어 EXAFS 위상 온도 변화를 관측할 수 있다. <그림 5.2.3>는 온도 변화에 따른 구리의 EXAFS spectrum의 변화를 나타낸 것이다. 그림에서 보듯이 온도가 증가함에 따라 스펙트럼의 진폭과 특히 위상의 변화가 뚜렷이 나타나고 있다. 따라서 구리원자들은 비조화진

동을 하고 있음을 알 수 있다. 구리의 경우 비조화진동을 분석한 결과

$$k_0 = 46N/m \quad \dots\dots\dots\dots\dots\dots\dots\dots\dots\dots\dots\dots\dots\dots\dots(5.2.10)$$

$$k_3 = 2.5 \times 10^{11} N/m^2 \quad \dots\dots\dots\dots\dots\dots\dots\dots\dots\dots\dots(5.2.11)$$

인 것으로 나타났다.

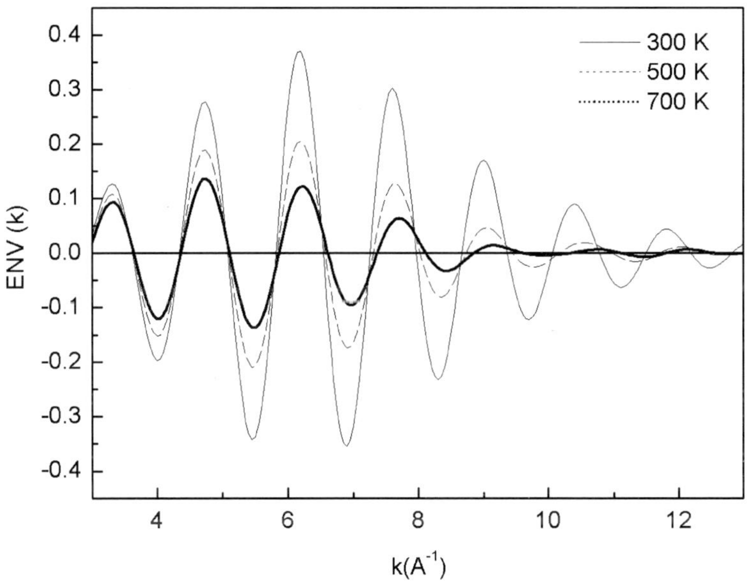

〈그림 5.2.3〉 First shell만 filtering된 온도 변화에 따른 Cu의 EXAFS ENV(k) 스펙트럼

원자의 열진동은 분자를 구성하는 원자에도 적용될 수 있다. 예를 들면 2원자 분자의 경우 원자 간 potential이 Morse potential로 나타낼 수 있는 경우에 (3.3)에서 유도한 결과를 다시 적용할 수 있다. Morse potential은

$$V(r) = D(1 - e^{-\left(\frac{r - r_0}{\sigma_M}\right)})^2 \quad \dots\dots\dots\dots\dots\dots\dots\dots(5.2.21)$$

이고, 여기서 D는 dissociation energy이고 σ_M은 potential 폭이다. $\left(\dfrac{r-r_0}{\sigma_M}\right)$ $\ll 1$인 범위에 있을 때, potential을 3차항까지만 전개하면

$$V(r) = \frac{D}{\sigma_M^2}(r-r_0)^2 - \frac{D}{\sigma_m^3}(r-r_0)^3 \quad\dots\dots\dots\dots\dots\dots\dots(5.2.13)$$

이다. 이것을 비조화진동의 경우와 비교하면

$$k_0 = 2\frac{D}{\sigma_M^2} \quad\dots\dots\dots\dots\dots\dots\dots\dots\dots\dots\dots\dots\dots(5.2.14)$$

$$k_3 = \frac{D}{\sigma_M^3} \quad\dots\dots\dots\dots\dots\dots\dots\dots\dots\dots\dots\dots\dots(5.2.15)$$

이다. 이 결과를 다시 $s \gg 1$인 근사가 가능한 온도범위에서 정리하면

$$\sigma_M = \frac{1}{2}\frac{k_0}{k_3} = 6\frac{C_2^2}{C_3} \quad\dots\dots\dots\dots\dots\dots\dots\dots\dots(5.2.16)$$

$$D = 12\frac{C_2^3}{C_3^2}(k_B T) \quad\dots\dots\dots\dots\dots\dots\dots\dots\dots\dots(5.2.17)$$

이다. 또한 양자역학적으로 Morse potential의 영향하에서 진동하는 2원자분자의 진동 에너지 준위는

$$E_n = (n+\frac{1}{2})\hbar\omega - (n+\frac{1}{2})^2\frac{1}{D}(\frac{1}{2}\hbar\omega)^2 \quad\dots\dots\dots\dots\dots(5.2.18)$$

이므로 이 에너지 준위를 측정하여 구한 해리에너지 D와 비교할 수 있다.

3

박막 시료의 구조 분석

　박막 가공에서 증착 시간 또는 박막시료의 두께에 따라 어떻게 결정성이 생기는지는 많은 박막 가공 연구자들의 관심사이다. 실리콘 웨이퍼 위에 증착되는 Ag 나노 클러스터의 구조를 분석하기 위하여 EXAFS를 이용할 수 있다. <그림 5.3.1>은 실리콘 웨이퍼 위에 증착되는 Ag의 두께에 따라 국부구조의 변화를 측정한 EXAFS spectrum의 Fourier transform이다. 그림에서 보는 바와 같이 Ag의 두께가 1nm(10Å)일 때 이미 대략적인 국부구조 및 결정구조 셀이 형성되기 시작하지만 아직 인접원자수는 불완전한 상태이다. 두께가 증가함에 따라 스펙트럼의 크기가 증가하는 것을 볼 수 있고 이것은 Ag 원자를 둘러싸는 다른 Ag 원자들의 수가 증가함을 나타낸다. 두께가 7~10nm(70~100Å) 범위에서 크기가 변화가 없는 것은 7nm(70Å)에서 이미 결정성 기본 셀이 형성되었음을 의미한다.

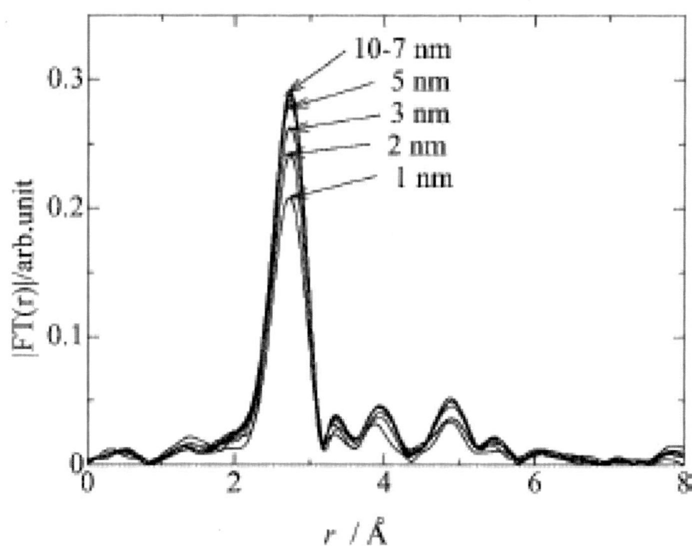

(출처: Y. Suzuki et al, physica scripta T115, 459(2003))

〈그림 5.3.1〉 Ag 두께에 따른 EXAFS 스펙트럼의 Fourier transform.

이 EXAFS 스펙트럼을 분석하면 인접원자수, 원자 간 거리, Debye-Waller 인자를 구할 수 있다. <표 5.3.1>은 EXAFS 스펙트럼으로부터 구한 국부구조 변수들이다. 표에서 보듯이 Ag-Ag bond 거리는 Ag의 두께에 따라 큰 변화가 없는 반면 coordination number은 두께가 증가하다가 두께가 7nm가 되면서 12개의 인접원자가 확보되는 것을 확인할 수 있다.

〈표 5.3.1〉 EXAFS 스펙트럼으로부터 구한 국부구조 변수

T (Å)	R (Å)	N	σ^2 (Å2)
10	2.88	8.9	0.0094
20	2.87	9.9	0.0094
30	2.89	10.8	0.0094
50	2.88	11.4	0.0090
70	2.88	12.1	0.0098
80	2.88	12.0	0.0094
100	2.88	12.0	0.0094

(출처: Y. Suzuki et al, physica scripta T115, 459(2003))

또 다른 예는 GaAs 기판 위에 증착되는 Fe의 두께에 따른 철 박막의 구조 변화를 분석한 것이다. 철 박막의 두께가 6ML(mono − layer)일 때 first shell 및 higher shell이 형성되기는 하였으나 매우 약한 것을 볼 수 있다. 이 것은 결정의 기본 단위 구조가 아직 완벽하지 않음을 나타낸다. 그러나 16ML이 되었을 때 first shell은 거의 Fe의 경우와 비슷하지만 higher shell은 아직 미숙한 단계인 것을 볼 수 있다. 이 EXAFS 스펙트럼을 분석하여 국부 구조 변수들의 변화를 비교하여 볼 수 있다.

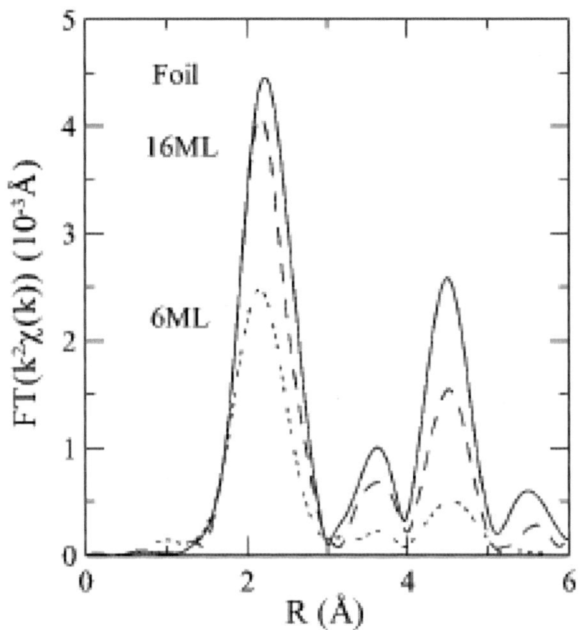

(출처: R. A. Gordon et al. physica scripta T115, 492(2003))

〈그림 5.3.2〉 Fe 두께 변화에 따른 Fe 박막에 대한 EXAFS 스펙트럼의
Fourier transform.

<그림 5.3.3>은 EXAFS 분석 결과 구한 국부구조 변수를 그래프로 나타 낸 것이다. 그림에서 보는 바와 같이 짧은 bond 거리는 Fe의 두께가 얇을 때 2.45Å이었다가 Fe의 두께가 증가하면서 점차 증가하여 두께가 6ML 되

었을 때 철의 결정구조와 일치하는 2.48Å가 되는 것을 알 수 있고 긴 거리
는 철의 두께가 약 5ML되면서 나타나는 것을 알 수 있다. Debye-Waller
인자는 Fe의 두께가 증가하면서 감소하는 것을 나타내는데 이것은 Fe 주위
의 구조에서 ordering이 증가하고 있는 것을 나타낸다.

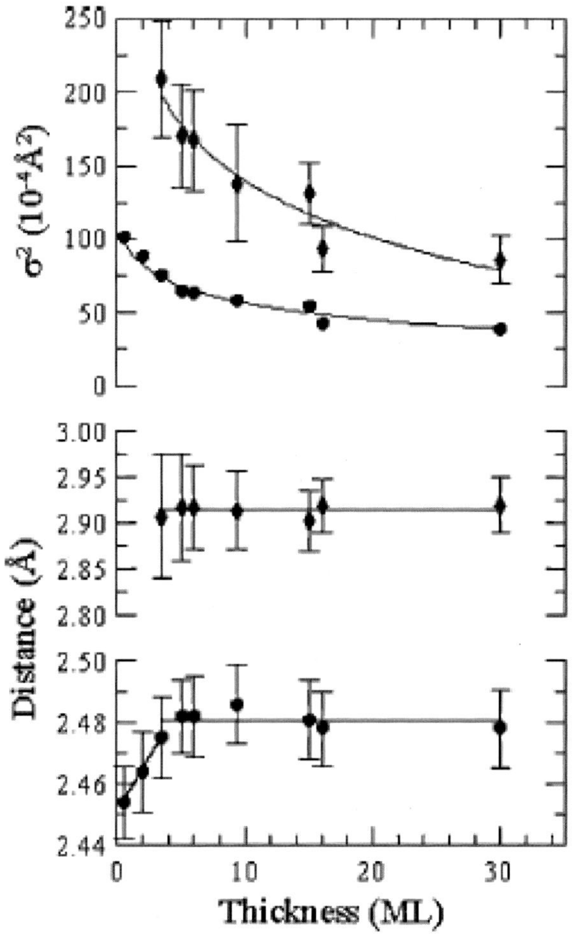

(출처: R. A. Gordon et al, physica scripta T115, 492(2003))

〈그림 5.3.3〉 Fe 두께 변화에 따른 구조변수 bond 거리, Debye-Waller
인자의 변화.

촉매의 구조 분석

촉매에는 많은 금속 이온들이 함유되어 있고 이 금속 이온들이 촉매의 기능에 결정적인 역할을 하고 있다. 따라서 촉매공학에서 촉매 속에 함유되어 있는 금속 이온이 무엇과 결합되어 있는지, 또는 그것 주위의 구조가 어떻게 되어 있는지를 아는 것이 매우 중요하다. 이와 같이 결정성을 갖지 않는 촉매 속에 금속이온이 포함되어 있을 때, 금속 이온 주위의 구조를 분석할 수 있는 분석 기술로 EXAFS가 매우 유용한 도구였다. 한 예로 오일정제에 사용하는 촉매의 경우를 살펴본다. <그림 5.4.1>은 오일 정제에 사용되는 Co － Mo/Al2O3의 경우 직접 황화 과정을 거친 것과 황화 과정을 거치기 전에 400℃에서 예비 reduction과정을 거친 것을 비교하여 보기 위한 EXAFS 측정 결과 이다. 그림에서 보는 바와 같이 400℃에서 예비 reduction 과정을 거친 시료가 Mo의 peak가 현저히 줄어들어 있음을 알 수 있다. 따라서 400℃에서 예비 reduction 과정을 거친 후에 황화 처리함으로써 우수한 Co － Mo / Al_2O_3촉매를 개발할 수 있게 되었다.

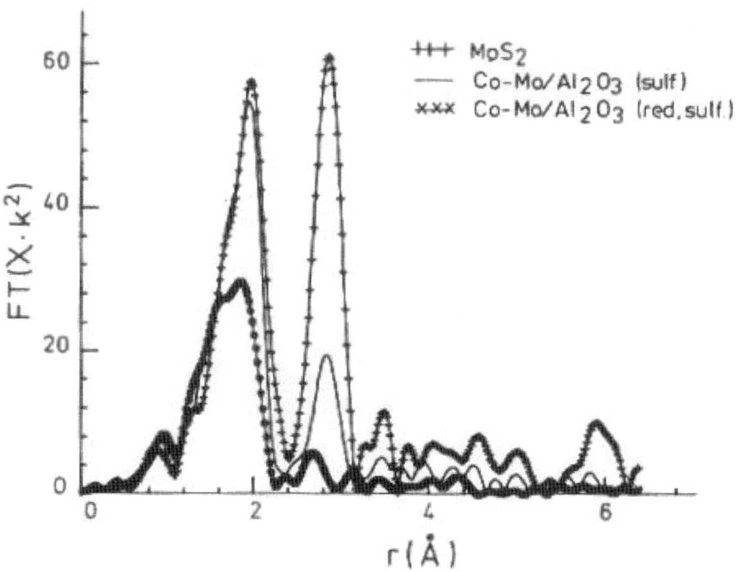

(출처: B. S. Clausen et al, "EXAFS and Near Edge structure Ⅱ", Springer-Verlag, Berlin, 181, 1984)

〈그림 5.4.1〉 표준 황화 과정을 거친 Co-Mo/Al₂O₃와 황화 과정을 거치기 전 400℃에서 예비 reduction 과정을 거친 시료의 EXAFS 스펙트럼의 Fourier transform.

기계적 합금의 구조 분석

기계적 합금(mechanical alloying)은 두 종류 이상의 원소를 혼합한 혼합 분말에 스테인리스 볼을 넣은 후 강하게 흔들어 합금하는 합금 방식이다. 따라서 기계적 합금법에 의해서는 합금화가 천천히 진행되기 때문에 중간 단계에서 구조 변화를 확인할 수 있고 또한 마지막 단계에서 합금이 형성되었는지를 확인할 수 있다. <그림 5.5.1>은 Fe−Mn 기계적 합금의 합금화 시간(milling time)별 EXAFS 스펙트럼의 Fourier transform을 나타낸 그래프이다.

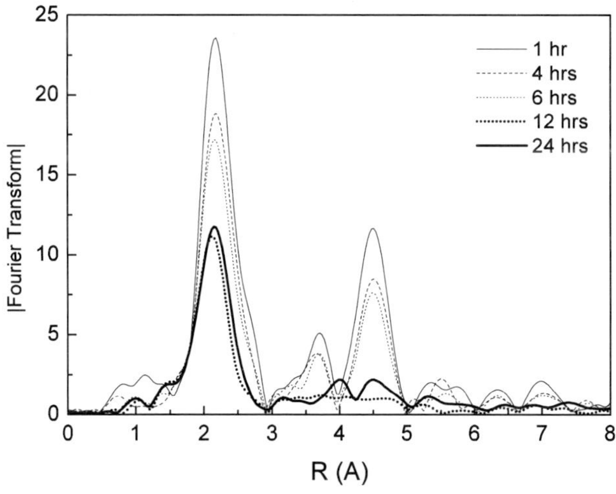

(출처: D. S. Yang et al, **Physica Status Solidi(a), 205(8), 1766−1799(2008)**)

〈그림 5.5.1〉 **Fe60Mn40** 기계적 합금의 합금화(milling) 시간별 **EXAFS spectrum**의 Fourier transform.

그림에서 보듯이 milling 초기에는 철의 구조를 그대로 가지고 있으나 합금
화 시간이 경과하면서 철의 구조가 서서히 깨지다가 12시간이 경과한 후에
는 철의 구조가 완전히 사라지고 새로운 구조가 되어 있음을 볼 수 있다.

<그림 5.5.1>에서 보면 이 기계적 합금화 과정 속에서 Fe60Mn40 합금
은 24시간의 milling에서 거의 합금화가 이루어졌고 최종 이 합금의 구조는
거의 비정질, 고용체 또는 나노 분말의 형태로 존재함을 알 수 있다. 합금분
말을 안정화시키기 위하여 열처리를 시도하며 열처리 온도에 따라 합금의
국부 구조가 변화는 것을 관찰할 수 있다. <그림 5.5.2>는 24시간의 기계
적 합금화를 거친 Fe60Mn40 합금을 300℃, 500℃, 700℃로 열처리한 후
EXAFS 측정을 한 것이다. 그림에서 보는 바와 같이 300℃까지는 구조에
변화가 없다가 500℃에서 갑자기 변한 것을 알 수 있다. 특히 higher shell이
살아나고 long range order가 생기는 것을 확인할 수 있다. 흥미로운 것은
500℃ 이상에서 열처리된 시료의 구조는 Ni의 구조와 비교하여 보면 아주
유사하므로 FCC구조인 것을 알 수 있다.

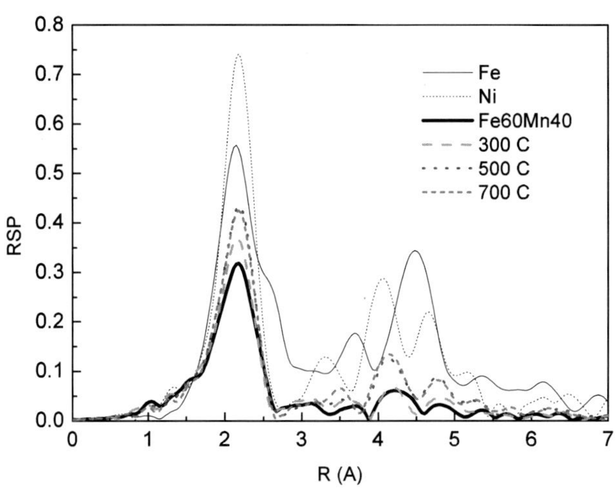

(출처: D. S. Yang et al, Physica Status Solidi(a), 205(8), 1766－1799(2008))

〈그림 5.5.2〉 열처리 온도에 따른 Fe60Mn40 합금의 EXAFS 스펙트럼의 Fourier transform. 열
처리 온도는 그림에 표시된 바와 같이 300℃, 500℃, 700℃이었고, 합금의 구조
변화를 비교하기 위하여 철과 니켈의 스펙트럼을 함께 나타낸 것이다.

〈부록 1〉 특성 X선의 파장과 흡수 edge

At. No.	Element symbol	$K\alpha_2$	$K\alpha_1$	$K\beta_1$	$K\beta_2$ (D signilies mean of doublet)	K absorption edge
1	H					
2	He					
3	Li	240				226.5
4	Be	113				
5	B	67				
6	C	44				43.68
7	N	31.60				30.99
8	O	23.71				23.32
9	F	18.31				
10	Ne	14.616		14.464		
11	Na	11.909		11.617		
12	Mg	9.8889		9.558		9.5117
13	Al	8.33916	8.33669	7.981		7.9511
14	Si	7.12773	7.12528	6.7681		6.7446
15	P	6.1549		5.8038		5.7866
16	S	5.37471	5.37196	5.03169		5.0182
17	Cl	4.73050	4.72760	4.4031		4.3969
18	A	4.10456	4.19162	3.8848*		3.8707
19	K	3.74462	3.74122	3.4538		3.43645
20	Ca	3.36159	3.35825	3.0896		3.07016
21	Sc	3.03452	3.03114	2.7795		2.757₃
22	Ti	2.75207	2.74841	2.51381		2.497₃₀
23	V	2.50729	2.50348	2.28434		2.269₀₂
24	Cr	2.29351	2.28962	2.08480		2.070₁₂
25	Mn	2.10568	2.10175	1.91015		1.896₃₆
26	Fe	1.93991	1.93597	1.75653		1.743₃₄
27	Co	1.79278	1.78892	1.62075		1.608₁₁
28	Ni	1.66169	1.65784	1.50010	1.48861	1.488₀₂
29	Cu	1.54433	1.54051	1.39217†	1.38102	1.380₄₃
30	Zn	1.43894	1.43511	1.29522	1.28366	1.283₃
31	Ca	1.34394	1.34003	1.20784	1.19595	1.195₆₇
32	Ce	1.25797	1.25401	1.12890	1.11682	1.116₅₂
33	As	1.17981	1.17581	1.05726	1.04498	1.044₉₇
34	Se	1.10875	1.10471	0.99212	0.97986	0.979₇₈
35	Br	1.04376	1.03969	0.93273	0.92064	0.91995
36	Kr	0.9841	0.9801	0.87845	0.86609	0.86547
37	Rb	0.92963	0.92551	0.82863	0.81641	0.81549
38	Sr	0.87938	0.875214	0.78288	0.77076	0.76969
39	Y	0.83300	0.82879	0.74068	0.72874	0.72762
40	Zr	0.79010	0.78588	0.70170	0.68989	0.68877

At No.	Element symbol	$k\alpha_2$	$k\alpha_1$	$k\beta_1$	$k\beta_2$ (D signifies mean of doubled)	K absorption edge
41	Nb	0.75040	0.74615	0.66572	0.65412	0.65291
42	Mo	0.713543	0.70926	0.632253	0.62099(D)	0.61977
43	Tc	0.67927*	0.67493*	0.60141*	0.59018*	(0.5891)
44	Ru	0.64736	0.64304	0.57246	0.56164	0.56047
45	Rh	0.617610	0.613245	0.54559	0.53509(D)	0.53378
46	Pd	0.589801	0.585415	0.52052	0.51021	0.50915
47	Ag	0.563775	0.559363	0.49701	0.48701	0.48582
48	Cd	0.53941	0.53498	0.475078	0.46531	0.46409
49	In	0.51652	0.51209	0.454514	0.444963	0.44388
50	Sn	0.49502	0.49056	0.435216	0.425900	0.42468
51	Sb	0.47479	0.470322	0.417060	0.407950	0.40663
52	Te	0.455751	0.451263	0.399972	0.391080	0.38972
53	I	0.437805	0.433293	0.383884	0.37547	0.37379
54	X	0.42043	0.41596	0.36846	0.35989	0.35849
55	Cs	0.404812	0.400268	0.354347	0.346084	0.34474
56	Ba	0.389646	0.385089	0.340789	0.332745	0.331137
57	La	0.375279	0.370709	0.327959	0.32024(D)	0.31842
58	Ce	0.361665	0.357075	0.315792	0.30826(D)	0.30647
59	Pr	0.348728	0.344122	0.304238	0.29690(D)	0.29516
60	Nd	0.356487	0.331822	0.293274	0.28631	0.28451
61	Pm	0.3249	0.3207	0.28209	(0.2761)	(0.2743)
62	Sm	0.31365	0.30895	0.27305	0.26629	0.26462
63	Eu	0.30326	0.29850	0.26360	0.25697	0.25552
64	Gd	0.29320	0.28840	0.25445	0.24812	0.24680
65	Tb	0.28343	0.27876	0.24601	0.23960	0.23840
66	Dy	0.27430	0.26957	0.23758	0.23175	0.23046
67	Ho	0.26552	0.26083	(0.2302)	(0.2244)	0.22290
68	Er	0.25716	0.25248	0.22260	0.21715	0.21566
69	Tu	0.24911	0.24436	0.21530	(0.2101)	0.2089
70	Yb	0.24147	0.23676	0.20876	0.20363	0.20223
71	Lu	0.23405	0.22928	0.20212	0.19689	0.19584
72	Hf	0.22699	0.22218	0.19554	0.19081	0.18981
73	Ta	0.220290	0.215484	0.190076	0.18508 (D)	0.18393
74	W	0.213813	0.208992	0.184363	0.17950 (D)	0.17837
75	Re	0.207598	0.202778	0.178870	0.17415 (D)	0.17311
76	Os	0.201626	0.196783	0.173607	0.16899 (D)	0.16780
77	Ir	0.195889	0.191033	0.168533	0.16404 (D)	0.16286
78	Pt	0.190372	0.185504	0.163664	0.15928 (D)	0.15816
79	Au	0.185064	0.180185	0.158971	0.15471 (D)	0.15344
80	Hg	0.17992 *	0.17504 *	0.15439 *	0.15020 (D) *	0.14923

At No.	Element symbol	$k\alpha_2$	$k\alpha_1$	$k\beta_1$	$k\beta_2$ (D signifies mean of doublet)	K absorption edge
81	Tl	0.175028	0.170131	0.150133	(0.1461)	0.14470
82	Pb	0.170285	0.165364	0.145980	0.14201 (D)	0.14077
83	Bi	0.165704	0.160777	0.141941	0.13807 (D)	0.13706
84	Po	0.1608 *	0.1559 *	0.1382 *	0.1333 *	(0.1332)
85	At	(0.1570)	(0.1521)	(0.1343)	(0.1307)	(0.1295)
86	Rn	(0.1529)	(0.1479)	(0.1307)	(0.1271)	(0.1260)
87	Fr	(0.1489)	(0.1440)	(0.1272)	(0.1236)	(0.1225)
88	Ra	(0.1450)	(0.1401)	(0.1237)	(0.1203)	(0.1192)
89	Ac	(0.1414)	(0.1364)	(0.1205)	(0.1172)	(0.1161)
90	Th	0.137820	0.132806	0.117389	0.11416 (D)	0.11293
91	Pa	(0.1344)	(0.1294)	(0.1143)	(0.1112)	(0.1101)
92	U	0.130962	0.125940	0.111386	0.10864	0.10680
93	Np	(0.1278)	(0.1226)	(0.1085)	(0.1055)	(0.1045)
94	Pu	(0.1246)	(0.1195)	(0.1058)	(0.1029)	(0.1018)
95	Am	(0.1215)	(0.1165)	(0.1031)	(0.1003)	(0.0992)
96	Cm	(0.1186)	(0.1135)	(0.1005)	(0.0978)	(0.0967)
97	Bk	(0.1157)	(0.1107)	(0.0980)	(0.0953)	(0.0943)
98	Cf	(0.1130)	(0.1079)	(0.0956)	(0.0930)	(0.0920)
99	Es	(0.1103)	(0.1052)	(0.0933)	(0.0907)	(0.0897)
100	Fm	(0.1077)	(0.1026)	(0.0910)	(0.0885)	(0.0875)

〈부록 2〉 세계의 방사광 현황

국가	가속기명	지역	에너지(GeV)
미국	APS	Argonne, IL	7
	ALS	Berkeley, CA	1.5
	CESR	Ithaca, NY	5.5
	NC STAR	Raleigh, NC	2.5
	SPEAR2, 3	Stanford, CA	3
	Aladdin	Stoughton, WI	1
	NSLS	Upton, NY	2.8
일본	Spring - 8	Nishi Harima	8
	KEK	Tsukuba	3
	Nano - hana	Ichihara	2
	VSX	Kashiwa	2.5
	New Subaru	Nishi Harima	1.5
	UVSOR	Okasaki	1.0
	MOSLA	Rokkasho	2.0
프랑스	ESRF	Grenoble	6
	SOLEIL	Orsay	2.75
	DCI(LURE)	Orsay	1.8
독일	PETRA II (HASYLAB)	Hamburg	14
	DORIS(HASYLAB)	Hamburg	5.3
	ANKA(FZK)	Karlruhe	2.5
	ELSA	Bonn	3.5
	BESSY II	Berlin	1.9
	DELTA	Dortmund	1.5
러시아	VEPP - 4M	Novosibirsk	7
	VEPP - 3	Novosibirsk	2.2
	Siberia II	Moscow	2.5
	DELSY	Dubna	1.2
영국	DIAMOND	Daresbury	3
	SRS	Daresbury	2
중국	SSRF	Shanghai	3.5
	BLS	Beijing	2.5
	BEPC	Beijing	2.8
중동	CANDLE	Armenia	3.2
	SESAME	Jordan	1
호주	Boomerang		3
스페인	LLS	Barcelona	3
캐나다	CLS	Saskatoon	2.9
한국	PLS	Pohang	2.5
인도	INDUS - II	Indore	2.5
스위스	SLS	Villign	2.4
이탈리아	ELETTRA	Trieste	2.4
브라질	LNLS - 2	Campinas	2
우크라이나	Pulse	Kharkov	2
덴마크	ASTRID II	Aartus	1.4
스웨덴	MAX II	Lund	1.5
대만	SRRC	Hsinchu	1.5
태국	SIAM	Nakhon Ratchasima	1.0

〈부록 3〉 X선 파장에 대한 원소들의 질량 흡수계수(μ/ρ)

Target		Ag		Pd		Rh		Mo		Zn		Cu	
Radiation		$k\bar{\alpha}$	$k\beta_1$	$k\bar{\alpha}$	$k\beta_1$	$k\bar{\alpha}$	$k\beta_1$	$k\bar{\alpha}$	$k\beta_1$	$k\bar{\alpha}$	$k\beta_1$	$k\bar{\alpha}$	$k\beta_1$
λ (Å)		0.5608	0.4970	0.5869	0.5205	0.6147	0.5456	0.7107	0.6323	1.4364	1.2952	1.5418	1.3922
Absorber								$\mu/\rho(cm^2/g)$					
H	1	0.371	0.366	0.373	0.368	0.375	0.370	0.380	0.376	0.425	0.414	0.435	0.421
He	2	0.195	0.190	0.197	0.192	0.199	0.194	0.207	0.200	0.347	0.306	0.383	0.333
Li	3	0.187	0.177	0.192	0.181	0.197	0.185	0.217	0.200	0.611	0.492	0.716	0.571
Be	4	0.229	0.208	0.239	0.215	0.251	0.224	0.298	0.258	1.25	0.959	1.50	1.15
B	5	0.279	0.244	0.295	0.256	0.314	0.270	0.392	0.327	1.97	1.49	2.39	1.81
C	6	0.400	0.333	0.432	0.356	0.469	0.383	0.625	0.495	3.76	2.81	4.60	3.44
N	7	0.544	0.433	0.595	0.471	0.658	0.515	0.916	0.700	6.13	4.56	7.52	5.60
O	8	0.740	0.570	0.821	0.628	0.916	0.696	1.31	0.981	9.34	6.92	11.5	8.52
F	9	0.976	0.732	1.09	0.815	1.23	0.913	1.80	1.32	13.3	9.86	16.4	12.2
Ne	10	1.31	0.969	1.48	1.09	1.67	1.22	2.47	1.80	18.6	13.8	22.9	17.0
Na	11	1.67	1.22	1.89	1.38	2.15	1.56	3.21	2.32	24.5	18.1	30.1	22.3
Mg	12	2.12	1.54	2.40	1.74	2.73	1.97	4.11	2.96	31.4	23.2	38.6	28.7
Al	13	2.65	1.90	3.01	2.16	3.42	2.45	5.16	3.71	39.6	29.3	48.6	36.2
Si	14	3.28	2.35	3.73	2.67	4.25	3.04	6.44	4.61	49.4	36.6	60.6	45.1
P	15	4.01	2.85	4.56	3.25	5.20	3.71	7.89	5.64	60.5	44.8	74.1	55.2
S	16	4.84	3.44	5.51	3.92	6.29	4.48	9.55	6.82	72.8	54.1	89.1	66.5
Cl	17	5.77	4.09	6.57	4.67	7.51	5.34	11.4	8.14	86.3	64.3	106	79.0
A	18	6.81	4.82	7.76	5.50	8.87	6.29	13.5	9.62	101	75.3	123	92.4
K	19	8.00	5.66	9.11	6.46	10.4	7.39	15.8	11.3	117	87.6	143	107
Ca	20	9.28	6.57	10.6	7.50	12.1	8.58	18.3	13.1	133	100	162	122
Sc	21	10.7	7.57	12.2	8.64	13.9	9.89	21.1	15.1	152	114	184	139
Ti	22	12.3	8.70	14.0	9.93	16.0	11.4	24.2	17.3	172	130	208	158
V	23	14.0	9.91	15.9	11.3	18.2	12.9	27.5	19.7	193	146	233	178
Cr	24	15.8	11.2	18.0	12.8	20.6	14.6	31.1	22.3	216	164	260	199
Mn	25	17.7	12.6	20.2	14.3	23.0	16.4	34.7	24.9	237	181	285	219
Fe	26	19.7	14.0	22.4	16.0	25.6	18.2	38.5	27.7	258	198	308	238
Co	27	21.8	15.5	24.8	17.7	28.3	20.2	42.5	30.6	278	214	_313_	257
Ni	28	24.1	17.1	27.3	19.5	31.1	22.3	46.6	33.7	_297_	230	45.7	_275_
Cu	29	26.4	18.8	30.0	21.4	34.1	24.4	50.9	36.9	43.1	_246_	52.9	39.3
Zn	30	28.8	20.6	32.7	23.4	37.2	26.7	55.4	40.2	49.1	36.3	60.3	44.8
Ga	31	31.4	22.4	35.6	25.5	40.4	29.1	60.1	43.7	55.3	40.9	67.9	50.5
Ge	32	34.1	24.4	38.6	27.7	43.8	31.6	64.8	47.3	61.6	45.6	75.6	56.2
As	33	36.9	26.5	41.7	30.1	47.3	34.2	69.7	51.1	68.0	50.4	83.4	62.1
Se	34	39.8	28.6	45.0	32.4	50.9	36.9	74.7	54.9	74.6	55.3	91.4	68.1
Br	35	42.7	30.8	48.3	34.9	54.6	39.7	79.8	58.8	81.3	60.4	99.6	74.4
Kr	36	45.8	33.1	51.7	37.5	58.3	42.5	84.9	62.8	88.2	65.6	108	80.7
Rb	37	48.9	35.4	55.1	40.1	62.2	45.5	90.0	66.9	95.4	71.0	117	87.3
Sr	38	52.1	37.8	58.6	42.8	66.0	48.4	95.0	70.9	103	76.6	125	94.0
Y	39	55.3	40.3	62.1	45.5	69.9	51.5	_100_	75.0	110	82.3	134	101
Zr	40	58.5	42.8	65.6	48.3	73.7	54.5	15.9	79.0	118	88.2	143	108
Nb	41	61.7	45.3	69.1	51.0	77.4	57.5	17.1	_82.9_	126	94.3	153	115
Mo	42	64.8	47.8	72.5	53.8	_81.1_	60.5	18.4	13.1	134	101	162	123
Tc	43	_67.9_	50.3	_75.8_	56.5	13.0	63.5	19.7	14.1	142	107	172	131
Ru	44	10.7	52.8	12.2	59.2	13.9	_66.4_	21.1	15.1	151	114	183	139
Rh	45	11.5	55.2	13.1	_61.8_	14.9	10.6	22.6	16.2	161	121	194	148

Target		Ag		Pd		Rh		Mo		Zn		Cu	
Radiation		$k\overline{\alpha}$	$k\beta_1$	$k\overline{\alpha}$	$k\beta_1$	$k\overline{\alpha}$	$k\beta_1$	$k\overline{\alpha}$	$k\beta_1$	$k\overline{\alpha}$	$k\beta_1$	$k\overline{\alpha}$	$k\beta_1$
λ (Å)		0.5608	0.4970	0.5869	0.5205	0.6147	0.5456	0.7107	0.6323	1.4364	1.2952	1.5418	1.3922
Absorber							$\mu/\rho(cm^2/g)$						
Pd	46	12.3	57.5	14.0	9.91	15.9	11.3	24.1	17.3	170	129	206	157
Ag	47	13.1	9.29	14.9	10.6	17.0	12.1	25.8	18.5	181	137	218	166
Cd	48	14.0	9.91	15.9	11.3	18.2	12.9	27.5	19.7	191	145	231	176
In	49	14.9	10.6	17.0	12.1	19.4	13.8	29.3	21.0	202	154	243	186
Sn	50	15.9	11.3	18.1	12.8	20.6	14.7	31.1	22.3	213	162	256	197
Sd	51	16.9	12.0	19.2	13.7	21.9	15.6	33.1	23.8	225	172	270	207
Te	52	17.9	12.7	20.4	14.5	23.3	16.6	35.0	25.2	236	180	282	218
I	53	19.0	13.5	21.6	15.4	24.6	17.6	37.1	26.7	247	189	294	228
Xe	54	20.1	14.3	22.9	16.3	26.1	18.6	39.2	28.2	257	198	306	238
Cs	55	21.3	15.1	24.2	17.2	27.5	19.7	41.3	29.8	268	207	318	248
Ba	56	22.5	16.0	22.5	18.2	29.1	20.8	43.5	31.4	278	215	330	258
La	57	23.7	16.9	26.9	19.2	30.6	21.9	45.8	33.2	289	224	341	268
Ce	58	25.0	17.8	28.4	20.3	32.3	23.1	48.2	34.9	299	233	352	278
Pr	59	26.3	18.8	29.9	21.4	34.0	24.4	50.7	36.7	309	242	363	288
Nd	60	27.7	19.8	31.4	22.5	35.7	25.7	53.2	38.6	320	252	374	298
Pm	61	29.1	20.8	33.1	23.7	37.6	27.0	55.9	40.6	331	261	386	308
Sm	62	30.6	21.9	34.7	24.9	39.5	28.4	58.6	42.6	341	271	397	319
띠	63	32.2	23.0	36.5	26.2	41.4	29.8	61.5	44.8	352	280		329
Gd	64	33.8	24.2	38.3	27.5	43.5	31.3	64.4	47.0	364	290	—	340
Tb	65	35.5	25.4	40.2	28.9	45.6	32.9	67.5	49.2		301		352
Dy	66	37.2	26.6	42.1	30.3	47.8	34.5	70.6	51.6	—	312	—	—
Ho	67	39.0	27.9	44.1	31.7	50.0	36.1	73.9	54.0		322	128	
Er	68	40.8	29.3	46.2	33.3	52.4	37.9	77.3	56.6	—	—	134	
Tm	69	42.8	30.7	48.4	34.9	54.9	39.7	80.8	59.2	116		140	—
Yb	70	44.8	32.2	50.7	36.5	57.4	41.5	84.5	61.9	121		146	111
Lu	71	46.8	33.6	53.0	38.2	60.0	43.4	88.2	64.7	127		153	116
Hf	72	48.8	35.1	55.2	39.8	62.5	45.3	91.7	67.4	132	—	159	121
Ta	73	50.9	36.7	57.5	41.6	65.1	47.3	95.4	70.2	137	104	166	126
W	74	53.0	38.2	59.9	43.4	67.8	49.3	99.1	73.1	143	109	172	132
Re	75	55.2	39.8	62.3	45.1	70.4	51.2	103	75.9	149	113	179	137
Os	76	57.3	41.4	64.7	46.9	73.1	53.2	106	78.7	155	118	186	143
Ir	77	59.4	42.9	67.0	48.6	75.6	55.2	110	81.4	161	122	193	148
Pt	78	61.4	44.5	69.2	50.3	78.0	57.1	113	83.9	167	127	200	154
Au	79	63.1	45.8	71.0	51.8	80.0	58.7	115	86.0	173	132	208	160
Hg	80	64.7	47.1	72.7	53.2	81.8	60.2	117	87.9	180	137	216	166
Tl	81	66.2	48.4	74.3	54.6	83.5	61.7	119	89.5	187	143	224	172
Pb	82	67.7	49.8	75.9	56.1	85.0	63.2	120	91.0	194	148	232	179
Bi	83	69.1	51.1	77.1	57.4	86.1	64.6	120	92.0	201	154	240	185

Target	Ni		Co		Fe		Mn		Cr		Ti	
Radiation	$k\overline{\alpha}$	$k\beta_1$	$k\overline{\alpha}$	$k\beta_1$	$k\overline{\alpha}$	$k\beta_1$	$k\overline{\alpha}$	$k\beta_1$	$k\overline{\alpha}$	$k\beta_1$	$k\overline{\alpha}$	$k\beta_1$
λ (Å)	1.6591	1.5001	1.7902	1.6208	1.9373	1.7565	2.1031	1.9102	2.2909	2.0848	2.7496	2.5138
Absorber	$\mu/\rho\,(cm^2/g)$											
H 1	0.448	0.431	0.464	0.443	0.483	0.459	0.510	0.480	0.545	0.507	0.658	0.595
He 2	0.430	0.368	0.491	0.414	0.569	0.474	0.674	0.554	0.813	0.661	1.26	1.01
Li 3	0.851	0.673	1.03	0.804	1.25	0.978	1.56	1.21	1.96	1.52	3.26	2.53
Be 4	1.82	1.39	2.25	1.71	2.80	2.13	3.53	2.69	4.50	3.44	7.64	5.88
B 5	2.93	2.21	3.63	2.74	4.55	3.44	5.76	4.37	7.38	5.61	12.6	9.67
C 6	5.68	4.26	7.07	5.31	8.90	6.69	11.3	8.54	14.5	11.0	24.8	19.1
N 7	9.31	6.95	11.6	8.70	14.6	11.0	18.6	14.0	23.9	18.2	41.0	31.5
O 8	14.2	10.6	17.8	13.3	22.4	16.8	28.5	21.5	36.6	27.8	62.5	48.1
F 9	20.3	15.1	25.4	19.0	32.1	24.0	40.8	30.8	52.4	39.8	89.4	68.8
Ne 10	28.4	21.1	35.4	26.5	44.6	33.5	56.7	42.8	72.8	55.3	124	95.4
Na 11	37.3	27.8	46.5	34.8	58.6	44.0	74.4	56.2	95.3	72.5	162	125
Mg 12	47.7	35.6	59.5	44.6	74.8	56.3	94.8	71.8	121	92.4	204	158
Al 13	60.1	44.9	74.8	56.2	93.9	70.9	119	90.2	152	116	255	198
Si 14	74.9	56.0	93.3	70.1	117	88.3	148	112	189	144	315	245
P 15	91.5	68.5	114	85.5	142	108	180	137	229	175	381	297
S 16	110	82.4	136	103	170	129	214	164	272	209	450	352
Cl 17	130	97.6	161	122	200	152	252	193	318	246	522	410
A 18	151	114	187	142	232	177	291	223	366	284	593	469
K 19	175	132	215	164	266	204	332	256	417	325	667	531
Ca 20	198	150	243	186	299	231	371	288	463	363	728	585
Sc 21	223	170	273	210	336	260	414	324	513	405	_794_	_643_
Ti 22	252	193	308	237	377	293	463	364	_571_	453	98.4	75.8
V 23	282	217	343	266	419	327	_513_	405	68.4	_502_	116	89.6
Cr 24	314	242	381	296	_463_	363	62.3	_447_	79.8	60.7	135	104
Mn 25	343	265	_414_	323	57.2	_395_	72.6	54.9	93.0	70.8	157	122
Fe 26	_370_	288	52.8	_349_	66.4	50.0	84.3	63.8	108	82.2	182	141
Co 27	49.0	_310_	61.1	45.8	76.8	57.8	97.4	73.8	125	95.0	210	163
Ni 28	56.5	42.2	70.5	52.8	88.6	66.7	112	85.1	144	109	242	187
Cu 29	65.5	48.9	81.6	61.2	103	77.3	130	98.5	166	127	280	217
Zn 30	74.6	55.7	93.0	69.7	117	88.0	148	112	189	144	318	246
Ga 31	83.9	62.7	105	78.4	131	98.9	166	126	212	162	356	276
Ge 32	93.4	69.8	116	87.3	146	110	184	140	235	180	393	306
As 33	103	77.0	128	96.2	160	121	203	154	258	198	430	335
Se 34	113	84.5	140	105	175	133	221	168	281	216	467	364
Br 35	123	92.1	152	115	190	144	240	183	305	234	503	394
Kr 36	133	99.9	165	124	206	156	258	198	327	252	538	422
Rb 37	143	108	177	134	221	168	277	213	351	271	573	451
Sr 38	154	116	190	144	236	180	296	227	373	289	606	479
Y 39	165	124	203	154	252	193	315	243	396	308	638	506
Zr 40	176	133	216	165	268	205	334	258	419	326	669	533
Nb 41	187	142	230	175	284	218	353	273	441	345	699	559
Mo 42	198	151	243	186	300	231	372	289	463	363	727	584
Tc 43	210	160	257	197	316	244	391	305	485	382	753	609
Ru 44	223	170	272	209	334	259	412	322	509	403	784	637
Rh 45	236	180	288	222	352	274	433	340	534	424	814	665

Target Radiation λ (Å)	Ni kα 1.6591	Ni kβ₁ 1.5001	Co kα 1.7902	Co kβ₁ 1.6208	Fe kα 1.9373	Fe kβ₁ 1.7565	Mn kα 2.1031	Mn kβ₁ 1.9102	Cr kα 2.2909	Cr kβ₁ 2.0848	Ti kα 2.7496	Ti kβ₁ 2.5138
Absorber						μ/ρ (cm2/g)						
Pd 46	250	191	304	235	371	289	455	358	559	446	845	694
Ag 47	264	203	321	248	391	305	478	377	586	468	876	723
Cd 48	279	215	338	262	412	322	502	398	613	492	908	753
In 49	294	227	356	277	432	339	525	417	638	514	935	781
Sn 50	309	239	373	291	451	356	547	436	662	536	957	805
Sb 51	324	251	391	306	472	373	570	457	688	559		832
Te 52	339	263	407	320	490	389	589	474	707	578	—	
I 53	352	275	422	333	506	404	606	490	722	594	214	—
Xe 54	366	286	436	346	521	418	620	505		609	245	—
Cs 55	378	298	450	358	534	431	632	518	—	621	274	215
Ba 56	391	309	463	370	546	444	—	531	—		302	237
La 57	403	320	475	382	557	456		542	202	—	329	259
Ce 58	414	331	486	394	—	468	—		219	—	356	281
Pr 59	426	342	497	405		479	188	—	236	183	381	302
Nd 60	437	353		416	—		201		252	196	405	322
Pm 61	448	364		428	172	—	214	—	268	209	429	342
Sm 62	—	375	—		182		227	176	284	222	452	361
Eu 63		386	156	—	193	—	240	186	299	234	473	379
Gd 64	—		165		203	157	252	196	314	247	495	397
Tb 65	141	—	173	—	214	165	265	206	329	259	516	415
Dy 66	149		182	140	224	173	277	216	344	271	536	433
Mo 67	156	—	191	146	234	181	289	226	359	283	555	450
Er 68	163	125	199	153	245	190	301	236	373	295	574	466
Tm 69	170	130	208	160	255	198	314	246	387	307	592	483
Yb 70	178	136	217	167	265	206	326	256	401	319	610	499
Lu 71	185	142	226	174	276	215	338	266	416	331	628	515
Hf 72	193	148	235	181	286	223	350	276	430	343	645	532
Ta 73	201	154	244	189	297	232	363	287	444	355	662	547
W 74	208	160	253	196	308	241	375	297	458	368	679	563
Re 75	216	167	262	204	319	250	388	308	473	380	696	579
Qs 76	225	173	272	212	330	259	401	319	487	393	712	595
Ir 77	233	180	282	219	341	269	414	330	502	406	729	611
Pt 78	241	187	291	228	353	278	427	341	517	419	745	628
Au 79	250	194	302	236	365	288	441	353	532	432	761	644
Hg 80	259	201	312	245	377	298	455	364	547	446	777	660
Tl 81	268	209	323	253	389	309	469	377	563	460	794	677
Pb 82	278	216	334	262	402	319	483	389	579	474	810	694
Bi 83	288	224	346	272	415	330	498	402	596	489	827	712

〈부록 4〉 EXAFS 발전 과정에서 나타난 EXAFS 관계식들

(출처: F. W. Lytle의 Web 문서,

http://www.exafsco.com/techpapers/index.html)

$$W_n = \frac{n^2(\alpha^2 + \beta^2 + \gamma^2)}{8ma^2} \quad \text{Kronig (1)} \qquad\qquad W_n = \frac{h^2(\alpha^2 + \beta^2 + \gamma^2)}{8ma^2\cos^2\theta} \quad \text{Kronig (2)}$$

$$\chi = 1 + 1/2 \int_0^\pi \sin\theta\, d\theta [(q + q*)\cos\theta + |q|^2] \quad \text{Kronig (3)}$$

$$\chi(E) - 1 = \sum_{l=0}^{\infty} (2l+1)[(-1)^{l+1}/(k\rho)^2][\sin(\delta_l)\sin(2k\rho + \delta_l)] \quad \text{Petersen (1)}$$

$$V \approx \frac{150\, N^2(l^2 + m^2 + n^2)}{4w^2} \quad \text{Hayasi (1)}$$

$$\chi(k) = \sum_s (2\pi/k^2 r_s^2)\exp(-1\mu r_s)\Big\{ -\sin 2kr_s \sum_l (-1)^l(2l+1)\sin 2\eta_l + \cos 2kr_s$$

$$\sum_l (-1)^l(2l+1)(\cos 2\eta_l - 1)\Big\} \quad \text{Shiraiwa (1)}$$

$$\chi(k) = \Big\{ 1 + 2/k \sum_{i=0}^{\infty} \sqrt{(I'_i)^2 + (I''_i)^2}\ \sin[2(k\eta_i + \delta) + \arctan(I'_i/I''_i)] \Big\}^{-1} \quad \text{Kostarev (1)}$$

$$\tau(k) \sim [1 - A(k) \sum (N_s/r_s^2)\sin(2kr_s + 2\eta_1)]^{-1} \quad \text{Kozlenkov (1)}$$

$$E = \frac{h^2 Q}{8m r_s^2} \quad \text{Lytle (1)} \quad \text{or} \quad E = (37.6/r_s^2)Q \quad \text{Lytle (2)}$$

$$\chi = V_o k \sum_j \frac{\exp(-\gamma r_j)}{k' r_j^3} \left[\left(\frac{2\text{sumZ}_j}{r_j^2} - N_j \right)\alpha_j - \frac{(\text{ksumZ}_j \beta_j)}{r_j} \right] \quad \text{Sayers et al. (1)}$$

〈부록 5〉 EXAFS 관련 논문

1   Adachi, H.; Fujima, K.; Taniguchi, K.; Miyake, C.; Imoto, S. Jpn. J. Appl. Phys. 1981, 20, L612.

2   Adhyapak, S. V.; Nigavekar, A. S. J. Phys. Chem. Solids, 1976, 37, 1037.

3   Agarwal, B. and Johri, R.(1977) J. Phys. C: Solid State Phys. 10, 3213 – 3218.

4   Agarwal, B. K. "X – ray Spectroscopy", Springer – Verlag, Heidelberg, 1979, p.215.

5   Agarwal, B. K.; Agarwal, B. R. K. J. Phys. C, 1978, 11, 4223.

6   Agarwal, B. K.; Balakrishnan, V. J. Phys. F, 1982, 12, 1519.

7   Agarwal, B. K.; Balakrishnan, V. Phys. Rev. B, 1983, 28, 2852.

8   Agarwal, B. K.; Bhargava, C. B. Vishnoi, A. N.; Seth, V. P. J. Phys. Chem. Solids, 1976, 37, 725.

9   Agarwal, B. K.; Johri, R. K. J. Phys. C, 1977a, 10, 3213.

10   Agarwal, B. K.; Johri, R. K. Phys. Status Solidi B, 1978, 88, 309.

11   Ageev, A. L.; Babanov, Yu. A.; Vasin, V. V.; Ershov, N. V.; Serikov, A. V. Phys. Status Solidi B, 1983, 117, 345

12   Akimov, V. N.; Vinogradov, A. S.; Zimkina, T. M. Opt. Spektrosk., 1982a, 53, 109.

13   Akimov, V. N.; Vinogradov, A. S.; Zimkina, T. M. Opt. Spektrosk., 1982b, 53, 476.

14   Akimov, V. N.; Vinogradov, A. S.; Zimkina, T. M. Opt. Spektrosk., 1982c, 53, 918.

15   Alagna, L.; Hasnain, S. S.; Piggott, B.; Williams, D. J. Biochem. J., 1984, 220, 591.

16   Alagna, L.; Prosperi, T.; Ferragina, C.; La Ginestra, A.; Tomlinson A. A. G. J. Chem. Soc., Faraday Trans. 1, 1983, 79, 1039.

17   Alagna, L.; Prosperi, T.; Tomlinson, A. A. G.; Vlaic, G. J. Chem. Soc., Dalton Trans., 1983, 645.

18   Alagna, L.; Prosperi, T.; Tomlinson, A. G. Springer Ser. Chem. Phys., 1983, 27, 303.

19   Alagna, L.; Tomlinson, A. A. G. J. Chem. Soc., Faraday Trans., 1982, 78, 3009.

20   Alagna, L.; Tomlinson, A. A. G.; Ferragina, C.; La Ginestra, A. Daresbury Lab. Rep. DL/SCI/R17, 1981, 98.

21   Alberding, N.; Crozier, E. D. Phys. Rev. B, 1983, 27, 3374.

22   Albers, R. c., 1989, Physica B 158, 372.

23   Albers, R. c., A. K. McMahan, and J. E. Moller, 1985, Phys. Rev. B 31, 3435.

24   Alema, S.; Bianconi, A.; Castellani, L,; Fasella, P. Prog. Clin. Biol. Res., 1982, 102, 47.

25   Aliotta, F.; Galli, G.; Maisano, G.; Migliardo, P.; Vasi, C. Springer Ser. Chem. Phys., 1983, 27, 268.

26   Aliotta, F.; Galli, G.; Maisano, G.; Migliardo, P.; Vasi, C. Springer Ser. Chem. Phys., 1983, 27. 268.

27   Aliotta, F.; Galli, G.; Maisano, G.; Migliardo, P.; Vasi, C.; Wanderlingh, F. Nuovo Cimento D, 1983, 2, 103.

28   Aliotta, F.; Galli, G.; Maisano, G.; Migliardo, P.; Vasi, C.; Wanderlingh, F. Nuovo Cimento D., 1983, 2, 103.

29   Allred, A. L.; Rochow, D. E. G. J. Inorg. Nucl. Chem., 1958, 5, 264.

30   Amus'ya, M. Ya.; Pavlychev, A. A.; Vinogradov, A. s.; Onopko, D. E.; Titov, S. A. Opt. Spektrosk., 1982, 53, 157.

31   Andersen, O. K., 1975, Phys. Rev. B 12, 3060.

32   Andersen, O. K., O. Jepsen, and M. Sob, 1986, in Electronic Band Structure and Its Applications, edited by M. Yussouff(Springer − Verlag, Berlin), p.1.

33   Anderson, S.; Hammarqvist, H.; Nyberg, C. Rev. Sci. Insturm., 1974, 45, 877.

34   Ankudinov, A., and J. J. Rehr, 1996, Comput. Phys. Commun 98, 359.

35   Ankudinov, A., and J. J. Rehr, 1997, Phys. Rev. B 56, R1712.

36   Ankudinov, A., B. Ravel, J. J. Rehr, and S. Conradson, 1998, Phys. Rev. B 58, 7565.

37   Antonangeli, F.; Apicella, M. L.; Balzarotti, A.; Incoccia, L.; Piacentini, M. Physica B + C, 1981, 105, 25.

38   Antonangeli, F.; Bellini, C.; De Crescenzi, M.; Rosei, R. Springer Ser. Chem. Phys., 1983, 27, 397.

39   Antonangeli, F.; Balzarotti, A.; Motta, N.; Piacentini, M.; Kisiel, A.; Zimnal − Starnawska, M.; Giriat, W. Springer Ser. Chem. Phys., 1983, 27, 224.

40   Antonio, M. R.; Averill, B. A. Moura, I.; Moura, J. J. G.; Orme − Johnson, W. H., Teo, B. K.; Xavier, A. V. J. Biol. Chem., 1982, 257, 6646.

41   Antonio, M. R.; Teo, B. K.; Averill, B. A. J. Am Chem. Soc., 1985, 107, 3583.

42   Antonio, M. R.; Teo, B. K.; Cleland, W. E.; Averill, B. A. J. Am Chem. Soc., 1983, 105, 3477.

43   Antonio, M. R.; Teo, B. K.; Orme − Johnson, W. H.; Nelson, M. J.; Groh, S. E.; Lindahl, P. A.; Kauzlarich, S. M.; Averill, B. A. J. Am. Chem. Soc., 1982, 104, 4703.

44   Apai, G.; Hamilton, J. F.; Stohr, J.; Thompson, A. Phys. Rev. Lett., 1979, 43, 165.

45   Apte, M. Y.; Mande, C. J. Phys. C, 1982, 15, 607.

46   Apte, M. Y.; Mande, C. J. Phys. Chem. Solids, 1980, 41, 307.

47   Apte, M. Y.; Mande, C. J. Phys. Chem. Solids, 1981, 42, 605.

48   Apte, M. Y.; Mande, C.; Suchet, J. P. J. Chim. Phys. Phys. − Chim. Biol., 1982, 79, 325.

49   Aryasetiawan, F., and O. Gunnarsson, 1998, Rep. Prog. Phys. 61, 237.

50   Ashcroft, N. W., and N. D. Mermin, 1976, Solid State Physic(Holt, Rinehart and Winston, Philadelphia).

51   Ashley, C. A., and S. Doniach, 1975, Phys. Rev. B, 11, 1279.

52   Ashley, C. A.; Doniach, S. Phys. Rev. B, 1975, 11, 1279.

53   Atonini, M.; Caprile, C.; Merlini, A.; Petiau, J.; Thornley, F. R. Springer Ser. Chem. Phys., 1983, 27, 261.

54   Aulbur, W. G., L. Jonsson, and J. W. Wilkins, 2000, Solid State Phys. 54, 1.

55   Avery, J. "The Quantum Theory of Atoms, Molecules and Photons", McGraw Hill, New York, 1972.

56   Azaroff, L. V. Rev. Mod. Phys., 1963, 35, 1012.

57   Azaroff, L. V., 1963, Rev. Mod. Phys. 35, 1012.

58   Azaroff, L. V., ed., "X − ray Absorption Spectra", McGrew − Hill, New York, 1974.

59   Babanov, Y. A.; Vasin, V. V.; Ageev, A. L.; Ershov, N. V. Phys. Status Solidi B, 1981, 105, 747.

60   Babanov, Y. A.; Vasin, V. V.; Ageev, A. L.; Ershov, N. V. Springer Ser. Chem. Phys., 1983, 27, 112.

61   Bachelet, G. B.; Schluter, M. Phys. Rev. B, 1983, 28, 2302.

62   Bachrach, R. Z.; Hansson, G. V.; Bauer, R. S. Surf. Sci., 1981, 109, L560.

63   Bachrach, R. Z.; Lindau, I. Springer Ser. Chem. Phys., 1983, 27, 415.

64   Badiali, J. P.; Bosio, L.; Cortes, R.; Bondot, P.; Loupias, G.; Petiau, J. J. Phys. Colloq., 1980, C8, 211.

65   Bagus, P. S., 1965, Phys. Rev. 139, 619A.

66   Bair, R. A.; Goddard, W. A., III Phys. Rev. B, 1980, 22, 2767.

67   Bakkhausen, C. J. "Introduction to Ligand Field Theory", McGrew – Hill, New York, 1962.

68   Balzarotti, A. Springer Ser. Chem. Phys., 1983, 27, 135.

69   Balzarotti, A.; Comin, F.; Incoccia, L.; Piacentini, M.; Mobilio, S.; Savoia, A Solid State Commun., 1980, 35, 145.

70   Balzarotti, A.; Czyzyk, M.; Kisiel, A.; Motta, N.; Podgorny, M.; Zimnal – Starnawska, M. Phys. Rev. B, 1984, 30, 2295.

71   Balzarotti, A.; Menuschenkov, A. P.; Motta, N.; purans, J. Solid State Commun., 1984, 49, 887.

72   Bambynek, W.; Crasemann, B.; Fink, R. W.; Freund, H. U.; Mark, H.; Swift, C. D.; Price, R. E.; Rao, P. V. Rev. Mod. Phys, 1972, 44, 716.

73   Bardyszewski, W. and L. Hedin, 1985, Phys. Scr. 32, 439.

74   Barhate, A. V.; Pndharkar, A. V.; Spare, V. B.; Mande, C. Solid State Commun., 1980, 36, 473.

75   Barhate, A. V.; Sapre, V. B.; Mande, C. Indian J. Phys., 1982, 56a, 81.

76   Bartlett, N.; McQuillan, B.; Robertson, A. S. Mater. Res. Bull, 1978.

77   Barton, J. J. and D. A. Shirley, 1985, Phys. Rev. B, 32, 1906.

78   Bassi, I. W.; Lytle, F. W.; Parravano, G. J. og Catal., 1976, 42, 139.

79   Batmanian, S.; Garner, C. D.; Blackburn, N. J.; Bordas, J.; Diakun, G. P.; Hasnain, S. S.; Pantos, E.; Knowles, P. E. Daresbury Lab. Rep. DL/SCI/R17, 1981, 91.

80   Batra, I. P. and O. Robaux, 1974, Chem. Phys. Lett. 28, 4529.

81   Batson, P. E. "Proceedings of a Specialist Workshop on Analytical Electron Microscopy", Feyes, P. L., ed., Cornell University, Ithaca, N.Y., 19787a, p.31.

82   Batson, P. E. Ultramicroscopy, 1978b, 3, 367.

83   Batson, P. E.; Craven, A. J. Phys. Rev. Lett., 1979, 893, 42.

84   Batterman, B. W. in "EXAFS Spectroscopy: Techniques and Applications", Teo, B. K. M., Joy, D. C., ed., Plenum, New York, 1981, p.197.

85   Batterman, B. W.; Ashcroft, N. W. Science, 1979, 206, 157.

86   Baxter, D. V.; Williams, A.; Johnson, W. L. J. Non$-$Cryst. Solids, 1984, 409.

87   Baxter, D. V.; Williams, A.; Johnson, W. L. Report DOE/ER/10870 $-$142, Order No DE84002022; NTIS: Energy Res. Abstr., 1984, 9, No.769.

88   Beagley, B.; Gahan, B. Greaves, G. N.; McAuliffe, C. A. J. Chem. Soc., Chem. Commun., 1983, 1265.

89   Beaumont, J. H.; Hart, M. J. Phys. E., 1974, 7, 823.

90   Beaurepaire, E.; Krill, G.; Kappler, J. P.; Roehler, J. Solid State Commun, 1984, 49, 65.

91   Beeby, J. L., 1964, Proc. R. Soc. London, Ser. A, 279, 82.

92   Beemner, I.; Hasnain, S. S.; Garner, C. D.; Bordas, J. Daresbury Lab. Rep. DL/SCI/R17, 1981, 111.

93   Beinert, H.; Emptage, M. H.; Dreyer, J. L.; Scott, R. A.; Hahn, J. E.; Hodgson, K. O.; Thomson, A. J. Proc. Natl. Acad. Sci. U.S.A., 1983, 80, 393.

94   Bellessa, J.; Gross, C.; Launois, P.; Quillec, M.; Launois, H. Conf. Ser. − Inst. Phys., 1983, 65, 529.

95   Belli, M.; Bianconi, A.; Burattini, E.; Mobilio, S.; Natoli, C. R.; Palladino, L.; Reale, A.; Scafati, A. Springer Ser. Chem. Phys., 1983, 27, 345.

96   Belli, M.; Bianconi, A.; Mobilio, S.; Palladino, L.; Reale, A.; Scafati, A. Ital. J. Biochem., 1980, 29, 77.

97   Belli, M.; Scafati, A.; Bianconi, A.; Burattini, E.; Mobilio, S.; Natoli, C. R. Palladino, L.; Reale, A. Nuovo Cimento D, 1983, 2, 1281.

98   Belli, M.; Scafati, A.; Bianconi, A.; Burattini, E.; Mobilio, S.; Natoli, C.; Palladino, L.; Reale, A. in "Inn. Shell X − Ray Phys. At. Solids", Fabian, D. J., Kleinpoppen, H., Watson, L. M., ed., Plenum, N.Y., 1981, p.731.

99   Belli, M.; Scafati, A.; Bianconi, A.; Mobilio, S.; Palladino, L.; Reale, A.; Burattini, E. Solids, State Commun., 1980, 35, 355.

100   Bellissent, R.; Chenevas − Plus, A.; Lagarde, P.; Bazin, D.; Raoux, D. J. Non − Cryst. Solids, 1983, 59 − 60, 237.

101   Benfatto, M., C. R. Natoli; A. Bianconi, J. Garcia, A. Marcelli, M. Fanfoni and I. Davoli, 1986, Phys. Rev. B, 34, 5774.

102   Beni, G. and P. M. Platzman, 1976, Phys. Rev. B, 14, 9514.

103   Beni, G.; Platzman, P. M. Phys. Rev B, 1976, 14, 1514.

104   Bernieri, E.; Burattini, E. Cappuccio, G.; Dalba, G.; Fornasini, P. Report ISS − FI − 83/4, order No. N83 − 34820; NTIS: Gov. Rep. Announce. Index(U.S.), 1984, 84, 125.

105   Bernieri, E.; Burattini, E.; Cavallo, N.; Masullo, M. R.; Morone, A.;

Rinizivillo, R.; Natoli, C.; Palladino, L.; Reale, A. Springer Ser. Chem. Phys., 1983, 27, 62

106   Bernieri, E.; Burattini, E.; Dalba, G.; Fornasini, P.; Rocca, F. Solid State Commun., 1983, 48, 421.

107   Bernieri, E.; Burattini, E.; Cappuccio, G.; Dalba, G.; Fornasini, P.; Grandolfo, M.; Vecchia, P.; Efendiev, S. M. Ferroelectrics, 1984, 56, 257.

108   Besson, B.; Moraweck, B.; Smith, A. K.; Basset, J. M.; Psaro, Rinaldo; Fusi, A.; Ugo, R. J. Chem. Soc., Chem. Commun., 1980, 569.

109   Bhat, N. V.; Salvi, S. V. Spectrochim. Acta B, 1983, 38, 481.

110   Bhattacharya, P.; Chetal, A. R. Phys. Status Solidi B, 1983, 119, 735.

111   Bianconi, A. Appl. Surf. Sci., 1980, 6, 392.

112   Bianconi, A. Daresbury Lap. Rep. DL/SCI/R17, 1981, 13.

113   Bianconi, A. Phys. Rev B, 1982, 26, 2741.

114   Bianconi, A. Springer Ser. Chem. Phys., 1983, 27, 118.

115   Bianconi, A. Surf. Sci., 1979, 89, 41.

116   Bianconi, A.; Bachrach, R. Z. Phys. Rev. Lett., 1979, 42, 104.

117   Bianconi, A.; Bachrach, R. Z.; Flodstrom, S. A. Phys. Rev. B, 1979, 19, 3879.

118   Bianconi, A.; Bachrach, R. Z.; Hagstrom, S. B. M.; Flodstrom, S. A. Phys. Rev. 1979, 19, 2837.

119   Bianconi, A.; Bauer. R. Z. Surf. Sci., 1980, 99, 76.

120   Bianconi, A.; Campagna, M.; Stizza, S. Phys. Rev. B, 1982, 25, 2477.

121   Bianconi, A.; Campagna, M.; Stizza, S.; Davoli, I. Phys. Rev. B, 1981, 24, 6139.

122 Bianconi, A.; Dell'Ariccia, M. Gargano, A.; Natoli, C. R. Springer Ser. Chem. Phys., 1983, 27, 57.

123 Bianconi, A.; Dell'Ariccia, M.; Durham, P. J.; Pendry, J. B. Phys. Rev. B, 1982, 26, 6502.

124 Bianconi, A.; Dell'Ariccia, M.; Gargano, A.; Natoli, C. R. Springer Ser. Chem. Phys., 1983, 27, 57.

125 Bianconi, A.; Dell'Ariccia, M.; Giovannelli, A. Burattini, E.; Cavallo, N.; Patteri, P.; Pancini, E.; Carlini, C.; Ciardelli, F.; et al. Chem. Phys. Lett., 1982, 90, 257.

126 Bianconi, A.; Giovannelli, A.; Ascone, I.; Alema, S.; Durham, P. J.; Fasella, P. Springer Ser. Chem. Phys., 1983, 27, 355.

127 Bianconi, A.; Giovannelli, A.; Davoli, I.; Stizza, S.; Palladino, L.; Gzowski, O.; Murawski, L. SolidsState Commun., 1982, 42, 547.

128 Bianconi, A.; Incoccia, L.; Stipcich, S., ed., "EXAFS and Near Edge Structure", Spring − Verlag, Berlin, Heldelberg, Springer Ser. Chem. Phys., 1983.

129 Bianconi, A.; Jackson, D.; Monahan, K. Phys. Rev. B, 1978, 17, 2021.

130 Bianconi, A.; Modesti, S.; Campagna, M.; Fischer, K.; Stizza, S. J. Phys. C, 1981, 14, 4737.

131 Bianconi, A.; Natoli, C. R. Solids State Commun., 1978, 27, 1177.

132 Biebesheimer, V. A.; Marques, E. C.; Sandstrom, D. R.; Lytle, F. W.; Greegor, R. B. J. Chem. Phys., 1984, 81, 2599.

133 Bienenstock, A. in "EXAFS Spectroscopy: Techniques and Applications", Teo, B. K., Joy, D. C., ed., Plenum, New York, 1981, p.185.

134 Bienenstock, A. in "Structure of Non − Crystalline Materials", Gaskell, P. H.; Davis, E. A., ed., Taylor and Francis, London, 1977, p.5.

135 Bigler, E.; Pplack, F.; Lowenthal, S. Nucl. Instrum. Methods Phys.

Res., 1983, 208, 387.

136   Binsted, N., J; W. Campbell, S. J. Gurman, and P. C. Stephenson, 1991. "SERC Daresbury Laboratory EXCURVE98 pro−gram." Details on obtaining the latest version of this code can be obtained from n.binsted@dl.ac.uk

137   Binsted, N., S. L. Cook, J. Evans, G. Greaves, and R. J. Price, 1987, J. Am. Chem. Soc. 109, 3369.

138   Binsted, N.; Hasnain, S. S.; Hukins, D. W. L. Biochem. Biophys. Res. Commun., 1982, 107, 89.

139   Blackburn, N. J.; Hasnain, S. S.; Binsted, N. Diakun, G. P.; Garner, C. D.; Knowles, P. F. Biochem. J., 1984, 213, 765.

140   Blackburn, N. J.; Hasnain, S. S.; Diakun, G. P.; Knowles, P. F.; Binsted, N.; Garner, C. D. Biochem. J., 1983, 213, 765.

141   Blaha, P., K. Schwarz, and J. Luitz, 1997, WIEN97(Vienna University of Technology); improved and updated UNIX version of the original copyrighted WIEN−code, published by P. Blaha, K. Schwarz, P. Sorantin, and S. B. Trickey, 1990, Comput. Phys. Commun. 59, 399.

142   Bloch, F.(1985) "Heisenberg and the Early Days of Quantum Mechanics", p.319 in History of Physics edited by Weart and Phillips, pp.319−323.

143   Blumberg, W. E.; Eisenberger, P.; Peisach, J.; Shulman, R. G. Adv. Exp. Med. Biol., 1976, 74, 389.

144   Blumberg, W. E.; Peisach, J.; Eisenberger, P.; Free, J. A. Biochemistry, 1978, 17, 1842.

145   Bohmer, W.; Rabe, P. J. Phys. C, 1979, 12, 2465.

146   Boland, J. J.; Baldeschwieler, J. D. J. Chem. Phys., 1984a, 80, 3005.

147   Boland, J. J.; Baldeschwieler, J. D. J. Chem. Phys., 1984b, 81,

1145.

148   Boland, J. J.; Crane, S. E.; Baldeschwieler, J. D. J. Chem. Phys.,
       1982, 77, 142.

149   Boland, J. J.; Halaka, F. G.; Baldeschwieler, J. D. Phys. Rev. B,
       1983, 28, 2921.

150   Bomben, K. D.; Bahl, M. K.; Gimzewski, J. K.; Chambers, S. A.;
       Thomas, T. D. Phys. Rev. A, 1979, 20, 2405.

151   Bonnelle, C.; Karnatak, R. C.; Spector, N. J. Phys. B, 1977, 10,
       795.

152   Bonse, U.; Hartmann – Lotsch, I.; Lotsch, H. Springer Ser. Chem.
       Phys., 1983, 27, 376.

153   Bonse, U.; Hartmann – Lotsch, I.; Lotsch, H.; Olthoff – Muenter, K.
       Z. Phys. B, 1982, 47, 297.

154   Bonse, U.; Materlik, G.; Schroder, W. J. Appl. Crystallogr., 1976,
       9, 223.

155   Bordas, J.; Bray, R. C.; Garner, C. D.; Gutteridge, S.; Hasnain, S.
       S. Biochem. J., 1980, 191, 499.

156   Bordas, J.; Bray, R. C.; Garner, C. D.; Gutteridge, S.; Hasnain, S.
       S. J. Inorg. Biochem., 1979, 11, 181.

157   Bordas, J.; Bray, R. C.; Garner, C. D.; Gutteridge, S.; Hasnain, S.
       S.; Pettifer, R. Daresbury Lab. Rep. DL/SCI/R13 1979, 116.

158   Bordas, J.; Dadson, G. G.; Grewe, H.; Koch, M. H. J.; Krebs, B.;
       Randall, J. Proc. R. Soc. London, B, 1983, 219, 21.

159   Bordas, J.; Koch, M. H. J.; Hartmamm, H. J.; Weser, U. FEBS
       Lett., 1982, 140, 19.

160   Bosio, L.; Cortes, R.; Derfrain, A.; Froment, M.; Leburn, A. M. in
       "Passivity Met. Semicond", Froment, M., ed., Elsevier, Amsterdam,
       1983, p.131.

161　　　Boudart, M.; Sanchez Arrieta, J.; Dalla Betta, R. J. Am. Chem. Soc., 1983, 105, 6501.

162　　　Boudreaux, D. S.; Reidinger, F. in "Amorphous Mater.: Model. Struct. Prop", Vitek, V., ed., Metall. Soc. AIME, Warrendale, Pa., 1983, p.65.

163　　　Bouldin, C. E.; Stern, E. A.; Von Roedern, B.; Azoulay, J. J. Non −Cryst. Solids, 1984, 66, 105.

164　　　Bouldin, C. E.; Stern, E. A.; Von Roedern, B.; Azoulay, J. Phys. Rev. B, 1984, 30, 4462.

165　　　Bouldin, C.; Stern, E. A. Phys. Rev. B, 1982, 25, 3462.

166　　　Bourdillon, A. J.; Pettifer, R. F.; Marseglia, E. A. J. Phys. C, 1979, 12, 3889.

167　　　Bourdillon, A. J.; Pettifer, R. F.; Marseglia, E. A. Physica B＋C, 1980, 99, 64.

168　　　Bowen, D. K.; Stock, S. R.; Davis, S. T.; Pantos, E.; Birnbaum, H. K. Daresbury Lab. Rep. DL/SCI/P399E, Order No. AD−A137 11610; NTIS: Gov. Rep. Announce. Index(U. S.), 1984, 84, 303.

169　　　Bowen, D. K.; Stock, S. R.; Davis, S. T.; Pantos, E.; Birnbaum, H. K.; Chen, H. Nature, 1984, 309, 336.

170　　　Boyce, J. B.; Baberschke, K. Solid State Commun., 1981, 39, 781.

171　　　Boyce, J. B.; Carter, W. L.; Geballe, T. H.; Claeson, T. Phys. Scr., 1982, 25, 749.

172　　　Boyce, J. B.; Hayes, T. M. in "EXAFS Spectroscopy: Techniques and Applications", Teo, B. K., Joy, D. C., ed., Plenum, New York, 1981, p.103.

173　　　Boyce, J. B.; Hayes, T. M. in "Fast Ion Transp. Solids: Electrodes Electrolytes", Proc. Int. Conf., Vashishta, P., Mundy, J. N., Shenoy, G. K., ed., Elsevier, N. Holland, N.Y., 1979, p.535.

174   Boyce, J. B.; Hayes, T. M. Top. Curr. Phys., 1979, 15, 5.

175   Boyce, J. B.; Hayes, T. M.; Mikkelsen, J. C., Jr. Phys. Rev. B, 1981, 23, 2876.

176   Boyce, J. B.; Hayes, T. M.; Mikkelsen, J. C., Jr. Solid State Ionics, 1981, 5, 497.

177   Boyce, J. B.; Hayes, T. M.; Mikkelsen, J. C., Jr.; Stutius, W. Solid State Commun., 1980, 33, 183.

178   Boyce, J. B.; Hayes, T. M.; Stutius, W.; Mikkelsen, J. C., Jr. Phys. Rev. Lett., 1977, 38, 1362.

179   Boyce, J. B.; Martin, R. M.; Allen, J. W. Springer Ser. Chem. Phys., 1983, 27, 187.

180   Boyce, J. B.; Martin, R. M.; Allen, J. W.; Holtzberg, F. in "Valence Fluctuations Solids", St. Barbara Inst. Theor. Phys. Conf., Falicov, L. M., Hank, W., Maple, M. B., ed., North − Holland, Amsterdam, Netherlands, 1981, p.427.

181   Boyd, R. J. J. Phys. B, 1976, 9, L69.

182   Braun, W.; Bardshaw, A. M. Europhys. News. 1984, 15, 11.

183   Braun, W.; Petersen, H.; Feldhaus, J.; Bradshaw, A. M.; Dietz, E.; Haase, J.; McGovern, I. T.; Puschmann, A.; Reimer, A.; et al., Proc. SPILE − Int. Soc. Opt. Eng., 1983, 447, 117.

184   Breinig, M.; Chen, M. H.; Ice G. E.; Parente, F.; Crasemann, B.; Brown, G. S. Phys. Rev. A, 1980, 22, 520.

185   Brennan, S.; Stohr, J.; Jaeger, R. Phys. Rev. B, 1981, 24, 4871.

186   Briand, J. P.; Touati, A.; Frilley, M.; Chevallier, P.; Johnson, A.; Rozet, J. P.; Tavernier, M.; Shafroth, S.; Krause, M. O. J. Phys. B, 1976, 9, 1055.

187   Brillouin, L. "Science and Information Theory", 2nd Ed., Academic, 1962.

188   Broglie, L. de(1920). "Sur l' absorption des rayons Röntgen par la matiére", Comptes Rendus 171, 1137(1920).

189   Broglie, L. de(1960). Non−Linear Wave Mechanics: A Causal Interpretation, Translated by Knodel and Miller, Elsevier.

190   Broglie, M. de(1913). "Sur une nouveau procédé permettant d'obtenir la photographie des spectres de raies des rayons Röntgen", Comptes Rendus 157, 924−926.

191   Broglie, M. et L. de(1921). "Sur le modéle d'atome de Bohr et lses spectres corpusculaires", Comptes Rendus 172, 746.

192   Brouder, c., M. F. Ruiz−Lopez, R. F. Pettifer, M. Benfatto and C. R. Natoli, 1989, Phys. Rev. B, 39, 1488.

193   Brouder, Ch., M. Alouani, and K. H. Bennemann, 1996, Phys. Rev. B, 54, 7334.

194   Brown, F. C.; Bachrach, R. Z.; Bianconi, A. Chem. Phys. Lett., 1978, 54, 425.

195   Brown, G. S. in "Synchrotron Radiation Research", Winick, H., Doniach, S., ed., Plenum, New York, 1980, p.387.

196   Brown, G. S.; Doniach, S. in "Synchrotron Radiation Research", Winick, H., Doniach, S., ed., Plenum, New York, 1980, p.353.

197   Brown, G. S.; Eisenberger, P.; Schmidt, P. Solid State Commun., 1977, 24, 201.

198   Brown, G. S.; Navon, G.; Shulman, R. G. Proc. Natl. Acad. Sci. U.S.A., 1977, 74, 1794.

199   Brown, G. S.; Teatardi, L. R.; Wernick, J. H.; Hallak, A. B.; Geballe, T. H. Solid State Commun., 1977, 23, 875.

200   Brown, J. M.; Powers, L. Kincaid, B.; Larrabee, J. A.; Spiro, T. G. J. Am. Chem. Soc., 1980, 102, 4210.

201   Brown, N. M. D.; McMonagle, J. B.; Greaves, G. N. J. Chem.

Soc., Faraday Trans. 1, 1984, 80, 589.

202   Bruck, M. A.; Korte, H. −J.; Bau, R.; Hadjiliadis, N.; Teo, B. K. ACS SYMP. Series, 1983, 209, 245.

203   Brunschwig, B. S.; Creutz, C.; Macartney, D. H.; Sham, T. K.; Sutin, N. Faraday Discuss. Chem. Soc., 1982, 74, 113.

204   Bunker, B. A.; Stern, E. A. Phys. Rev. B, 1983, 27, 1017.

205   Bunker, G. Nucl. Instrum. Methods Phys. Res., 1983, 207, 437.

206   Bunker, G., 1983, Nucl. Instrum. Methods Phys. Res. 207, 437.

207   Bunker, G.; Stern, E. A.; Blankenship, R. E.; Parson, W. W. Biophys. J., 1982, 37, 539.

208   Burattini, E.; Cappuccio, G.; Dalba, G.; Fornasini, P.; Grandolfo, M.; Vecchia, P.; Efendiev, Sh. M. Ferroelectrics, 1984, 55, 675.

209   Burattini, E.; Cavallo, N.; Cappuccio, G.; Efendiev, Sh. M. Grandolfo, M.; Vecchia, P. Ferroelectrics, 1982, 43, 211.

210   Burattini, E.; Cavallo, N.; Cappuccio, G.; Fornasini, P.; Grandolfo, M.; Vecchia, P.; Efendiev, Sh. M. Spring Ser. Chem. Phys., 1983, 27, 216.

211   Bylander, D. M.; Kleinman, L. Phys. Rev. B, 1984, 39, 2997.

212   Calas, G.; Levitz, P.; Petiau, J.; Bondot, P.; Loupias, G. Rev. Phys. Appl., 1980, 15, 1161.

213   Calas, G.; Petiau, J. Struct. Non−Cryst. Mater., Proc. 2nd Int. Conf. Gaskell, P. H.; Parker, J. M.; Davis, E. A., ed., Taylor & Francis: London, 1983, p.18.

214   Camilloni, R.; Fainelli, E.; Petrocelli, G.; Stefani, G. Springer Ser. Chem. Phys., 1983, 27, 174.

215   Cargill, G. S., Ⅲ Boehme, R. F.; Weber, W. Phys. Rev. Litt., 1983, 50, 1391.

216   Cargill, G. S., Ⅲ J. Non−Cryst. Solids, 1984, 61−62, 261.

217 Cargill, G. S., Ⅲ Proc. 4th Int. Conf. Rapidly Quenched Met., Volume 1, Masumoto, T.; Suzuki, K., ed., Jpn. Inst. Met: Sendai, Japan, 1982, p.389.

218 Cargill, G. S., Ⅲ Weber, W.; Boehme, R. F. Springer Ser. Chem. Phys., 1983, 27, 277.

219 Carlson, T. A. "Photoelectron and Auger Spectroscopy", Plenum, New York, 1975, p.83.

220 Carlson, T. A. Phys. Rev., 1963, 131, 676.

221 Carlson, T. A. Physics Today. 1972, 25, 30.

222 Carlson, T. A.; Nestor, C. W., Jr.; Tucker, T. C.; Malik, T. B. Phys. Rev., 1968, 169, 27.

223 Caswell, N.; Solin, S. A.; Hayes, T. M. Hunter, S. J. Physica B + C, 1980, 99, 463.

224 Catlow, C. R. A.; Chadwick, A. V.; Greves, G. N.; Moroney, L. M. Springer Ser. Chem. Phys., 1983, 27, 200.

225 Catlow, C. R. A.; Chadwick, A. V.; Greves, G. N.; Moroney, L. M.; Worboys, M. R. Solid StateIonics, 1983, 9 − 10, 1107.

226 Catlow, C. R. A.; Moroney, L. M.; Chadwick, A. V.; Greves, G. N. Radiat. Eff., 1983, 75, 159.

227 Cauchois, Y.(1932) "Spectrographie des rayons X par transmission d'un faisceau non canalisé á travers un cristal courbé", J. de Physique Ⅷ 3, 512 − 515.

228 Cauchois, Y.(1933) J. de Physique 4, 61 − 65(1933).

229 Cauchois, Y. and Mott, N.(1940). Phil. Mag. 40, 1260 − 1269.

230 Chafekar, V. D.; Joshi, Pankaj Sen, S. C. Proc. Nucl. Phys. Solid State Phys. Symp., 1980, 23, 898.

231 Chan, S. I.; Gamble, R. C. Methods Enzymol., 1978, 54, 323.

232 Chan, S. I.; Hu, V. W.; Gamble, R. C. J. Mol. Struct., 1978, 54, 323.

233 Chance, B.; Fischetti, R.; Powers, L. Biochemistry, 1983, 22, 3820.

234 Chance, B.; Kumar, C.; Korszun, Z. R.; Legallis, V.; Pennie, W.; Sorge, J.; Khalid, S. Nucl. Instrum. Methodsds Phys. Res. A, 1984, 222, 180.

235 Chance, B.; Kumar, C.; Powers, L.; Ching, Y. C. Biophys. J., 1983, 44, 353.

236 Chance, B.; Pennie, W.; Carman, M.; Legallis, V.; Powers, L. Anal. Biochem., 1982, 124, 248.

237 Chance, B.; Powers, L.; Ching, Y. in "Mitochondria Microsomes", Lee, C. P., Schatz, Gottfried, Dallner, Gustav, ed., 1981, p.271.

238 Chandra, S.; Sharma, Y.; Sharma, B. K.; Garg, K. B. Proc. Nucl. Phys. Solid State Phys. Symp., 1983, 23, 73.

239 Chappert, J. J. Phys., Colloq., 1980, C1, 9.

240 Chattopadhyay, S.; Sapre, V. B.; Mande, C. X−ray Spectrom., 1984, 13, 153.

241 Chelikowsky, J. R., and S. G. Louie, 1996, Quantum Theory of Real Materials(Kluwer Academic, Norwell, Massachusetts).

242 Chen, F. Y.; Huang, H. W. Chin. J. Phys(Taipei), 1983, 21, 44.

243 Chen, H. J. Phys. Chem. SolidsL, 1980, 41, 641.

244 Chen, H. S.; Teo, B. K.; Wang, R. J. Phys. Colloq., 1980, C8, 254.

245 Chen, Y., F. J. Barcia de Abajo, A. Chasse, R. X. Ynzunza, A. P. Kaduwela, M. A. VanHove, and C. S. Fadley, 1998, Phys. Rev. B, 58, 13121.

246 Chermashentsev, V. M.; Mazalov, L. N.; Gel'mukhanov, F. Kh. Zh. Strukt. Khim., 1979, 20, 209.

247 CHESS Users Manual for EXAFS Measurements.

248 Chiarello, G.; Colavita, E.; De Crescenzi, M.; Nannarone, S. Phys. Rev. B, 1984, 29, 4878.

249   Chiu, N. S.; Bauer, S. H.; Johnson, M. F. L. J. Catal., 1984, 89, 226.

250   Cho, Z. H.; Tsai, C. M.; Eriksson, L. A. IEEE Trans. Nucl. Sci., 1975, 22. 72.

251   Chou, S.−H., J. J. Rehr, E. A. Stern, and E. R. Davidson, 1987, Phys. Rev. B, 35, 2604.

252   Chougule, B. K.; Patil, R. N. Indian J. Pure Appl. Phys., 1979, 17, 38.

253   Citrin, P. H.; Eisenberger, P.; Hewitt, R. C. J. Vac. Sci. Technol., 1977, 15, 449.

254   Citrin, P. H.; Eisenberger, P.; Hewitt, R. C. Nucl. Instrum. Methods, 1978, 152, 330.

255   Citrin, P. H.; Eisenberger, P.; Hewitt, R. C. Phys. Rev. Lett., 1978, 44, 309.

256   Citrin, P. H.; Eisenberger, P.; Hewitt, R. C. Phys. Rev. Lett., 1980, 45, 1948.

257   Citrin, P. H.; Eisenberger, P.; Hewitt, R. C. Surf. Sci., 1979a, 89, 28.

258   Citrin, P. H.; Eisenberger, P.; kincaid, B. M. Phys. Rev. Lett., 1976, 36, 1346.

259   Citrin, P. H.; Hamman, D. R.; Mattheiss, L. F. Rowe, J. E. Phys. Rev. Lett., 1983, 50, 1824.

260   Citrin, P. H.; Rowe, J. E. Surf. Sci., 1983, 132, 205.

261   Citrin, P. H.; Rowe, J. E.; Eisenberger, P. Phys. Rev. B, 1983, 28, 2299.

262   Citrin, P. H.; Rowe, J. E.; Eisenberger, P.; Comin, F. Physica B+C, 1983, 117−118, 786.

263   Claeson, T.; Boyce, J. B. Phys. Rev. B, 1984, 29, 1551.

264   Claeson, T.; Boyce, J. B.; geballe, T. H. Phys. Rev. B, 1982, 25, 6666.

265   Claeson, T.; Boyce, J. B.; Lowe, W. P.; Geballe, T. H. Phys. Rev.

B, 1984, 29, 4969.

266   Clausen, B. S.; Lengeler, B.; Candia, R.; Als – Nielsen, J.; Topsoee, H. Bull. Soc. Chim. Belg., 1981, 90, 1249.

267   Clausen, B. S.; Topsoee, H.; Candia, R.; Lengeler, B. ACS Symp. Ser., 1984, 248, 71.

268   Clausen, B. S.; Topsoee, H.; Candia, R.; Villadsen, J.; Lengeler, B.; Als – Nielsen, J.; Christensen, F. J. Phys. Chem., 1981, 85, 3868.

269   Clausen, B. S.; Topsoee, H.; Candia, R.; Villadsen, J.; Lengeler, B.; Als – Nielsen, J.; Christensen, F. Report DESY – SR – 81/02, Atomindex, 1982, 13, No.658543.

270   Clementi, E., and C. Roetti, 1974, At. Data Nucl. Data Tables 14, 177.

271   Clementi, E.; Roetti, C. At. Data Nucl. Data Tabless, 1974, 14, 177.

272   Clout, P. N.; Ridley, P. A. Nucl. Instrum. Methods, 1978, 152, 145.

273   Co, M. S. Report SSRL – 84/02, Order No. DE84010930; NTIS: Energy Res. Abstr., 1983, 9, No.27102.

274   Co, M. S.; Hendrickson, W. A.; Hodgson, K. O.; Doniach, S. J. Am. Chem. Soc., 1983, 105, 1144.

275   Co, M. S.; Hendrickson, W. A.; Hodgson, K. O.; Doniach, S. J. Am. Chem. Soc., 1983, 105, 1144.

276   Co, M. S.; Hodgson, K. O. In "copper Proteins Copper Enzymes", Vol.1, Lontie, R., ed., CRC, Boca Raton, Fla., 1984, 1, p.93.

277   Co, M. S.; Hodgson, K. O. In "Front. Biochem. Stud. Proteins Member", Proc. Int. Conf., Liu, T. Y., ed., Elsevier, New York, p.351.

278   Co, M. S.; Hodgson, K. O. J. Am. Chem. Soc., 1981, 103, 3200.

279   Co, M. S.; Hodgson, K. O.; Eccles, T. K.; Lontie, R. J. Am Chem. Soc., 1981, 103, 984.

280　Co, M. S.; Scott, R. A.; Hodgson, K. O. J. Am Chem. Soc., 1981, 103, 986.

281　Cocco, G.; Enzo, S.; Fagherazzi, G.; Schiffini, L.; Bassi, I. W. Vlaic, G.; Galvagno, S.; Parravano, G. J. Phys. Chem., 1979, 83, 2527.

282　Cocco, G.; Enzo, S.; Incoccia, L.; Mobilio, S. Z. Naturforsch., A: Physics. Chem., Kosmophys., 1983, 38, 1391.

283　Codling, K. Houlgate, R. G.; West, J. B.; Woodruff, P. R. J. Phys. B, 1976, 9, L83.

284　Cohen, G. G.; Deslattes, R. D. Nucl. Instrum. Methods Phys. Res., 1982, 193, 33.

285　Cohen, G. G.; Fischer, D. A.; Colbert, J.; Shevchik, N. J. Rev. Sci. Instrum., 1980, 51, 273.

286　Cohen, P. I.; Einstein, T. L.; Elam, W. T.; Fukuda, Y.; Park, R. L. Appl. Surf. Sci., 1978, 1, 538.

287　Cohen, R. L.; Feldman, L. C.; West, K. W.; Kincaid, B. M. Phys. Rev. Lett., 1982, 49, 1416.

288　Colavita, E.; De Crescenzi, M.; Papagno, L.; Caputi, L. S.; Chiarello, G.; Scarmozzino, R.; Rosei, R. Solid State Commun., 1982, 41, 546.

289　Colliex, C.; Jouffrey, B. Philos. Mag., 1972, 25, 191.

290　Colosimo, A.; Brunori, M.; Andreasi, F.; Mobilio, S. J. Inorg. Biochem., 1981, 15, 179.

291　Comin, F.; Incoccia, L.; Mobilio, S. J. Phys. E, 1983, 16, 83.

292　Comin, F.; Incoccia, L.; Mobilio, S.; Motta, N. Springer Ser. Chem. Phys., 1983, 27, 292.

293　Comin, F.; Rowe, J. E.; Citrin, P. H. Phys. Rev.. Lett., 1983, 51, 2402.

294　Comin, F.; Rowe, J. E.; Citrin, P. H. Proc. SPIE − Int. Soc. Opt. Eng., 1983, 447, 107.

295   Conradson, S. D. Report SSRL − 83/04, Order No. DE84012741; NTIS: Energy Res. Abstr., 1984, 9, No.29346.

296   Cook, J. W., Jr.; Sayers, D. E. J. Appl. Phys., 1981, 52, 5024.

297   Cook, S. L.; Evans, J.; Greaves, G. N. J. Chem. Soc., Chem. Commun., 1983, 1287.

298   Cook, S. L.; Evans, J.; Greaves, G. N. Johnson, B. F. G.; Lewis, J.; Raithby, P. R.; Wells, P. B.; Worthington, P. J. Chem. Soc., Chem. Commun., 1983, 777.

299   Cooper, M. J.; Sakata, M. Acta Crystallogr. A., 1979, 35, 989.

300   Cordts, B.; Pease, D.; Azaroff, L. V. Phys. Rev. B. 1981, 24, 538.

301   Coster, D. and Veldkamp, J.(1931) Zeit. Phys. 70, 306 − 314.

302   Coster, D. and Veldkamp, J.(1932) Zeit. Phys. 74, 191 − 208.

303   Cox, A. D. Daresbury Lab Rep. DL/SCI/R17, 1981, 51.

304   Cox, A. D. in "Charact. Catal", Thomas, J. M., Lambert, R. M., ed., Wiley, Chichester, United Kingdom, 1980, p.254.

305   Cox, A. D.; Beaumont, J. H. Philos. Mag. B, 1980, 42, 115.

306   Cox, A. D.; McMillan, P. W. J. Non − Cryst, Solids, 1981, 44, 257.

307   Craievich, A.; Dartige, E.; Fontaine, A.; Raoux, D. Springer Ser. Chem. Phys., 1983, 27, 274.

308   Cramer, S. P. Adv. Inorg. Bioinorg. Mech., 1983, 2, 259.

309   Cramer, S. P. Daresbury Lab Rep. DL/SCI/R17, 1981, 47.

310   Cramer, S. P. NATO Adv. Study Inst. Ser. A, 1979, 25, 291.

311   Cramer, S. P.; Dawson, J. H.; Hodgson, K. O.; Hager, L. P. J. Am. Chem. Soc., 1978, 100, 7282.

312   Cramer, S. P.; Eccles, T. K.; Kutzler, F. W.; Hodgson, K. O.; Doniach, S. J. Am. Chem. Soc., 1976, 98, 8059.

313   Cramer, S. P.; Eccles, T. K.; Kutzler, F. W.; Hodgson, K. O.; Mortenson, L. E. J. Am. Chem. Soc., 1976, 98, k 1287.

314 Cramer, S. P.; Eidem, P. K.; Paffett, M. T.; Winkler, J. R.; Dori, Z.; Gray, H. B. J. Am. Chem. Soc., 1983, 105, 799.

315 Cramer, S. P.; Eidem, P. K.; Paffett, M. T.; Winkler, Z. D.; Dori, Z.; Gray, H. B. J. Am. Chem. Soc., 1983, 105, 799.

316 Cramer, S. P.; Gillum, W. O.; Hodgson, K. O.; Mortenson, L. E.; Stiefei, E. I.; Chisnell, J. R.; Brill, W. J.; Shah, V. K. J. Am. Chem. Soc., 1978, 100, 3814.

317 Cramer, S. P.; Gray, H. B.; Dori, Z.; Bino, A. J. Am. Chem. Soc., 1979, 101, 2770.

318 Cramer, S. P.; Gray, H. B.; Rajagopalan, K. V. J. Am. Chem. Soc., 1979, 101, 2772.

319 Cramer, S. P.; Gray, H. B.; Scott, N. S.; Barber, M.; Rajagopalan, K. V. in "Molybdenum Chem. Biol. Significance", Newton, W. E., Otsuka, S., ed., Plenum, New York, 1980, p.157.

320 Cramer, S. P.; Hodgson, K. O. Prog. Inorg. Chem., 1979, 25, 1.

321 Cramer, S. P.; Hodgson, K. O.; Gillum, W. O.; Mortenson, L. E. J. Am. Chem. Soc., 1978, 100, 3398.

322 Cramer, S. P.; Hodgson, K. O.; Stiefel, E. I.; Newton, W. E. J. Am. Chem. Soc., 1978, 23, 1215.

323 Cramer, S. P.; Liang, K. S.; Jacobson, A. J.; Chang, C. H.; Chianelli, R. R. Inorg. Chem., 1984, 23, 1215.

324 Cramer, S. P.; Moura, J. J. G.; Xavier, A. V.; LeGall, J. J. Inorg. Biochem., 1984, 20, 275.

325 Cramer, S. P.; Scott, R. A. Rev. Sci. Instrum., 1981, 52, 395.

326 Cramer, S. P.; Solomonson, L. P.; Adams, M. W. W.; Mortenson, L. E. J. Am. Chem. Soc., 1984, 106, 1467.

327 Cramer, S. P.; Wahl, R.; Rajagopalan, K. V. J. Am. Chem. Soc., 1981, 103, 7721.

328   Crespin, M.; Levitz, P.; Gatineau, L. Springer Ser. Chem. Soc., 1983, 27, 228.

329   Cross, J. O., M. 1. Bell, M. Newville, J. J. Rehr, L. B. Sorensen, C. E. Bouldin, G. Watson, T. Gouder, and G. H. Lander, 1998, Phys. Rev. B, 58, 11215.

330   Crozier, E. D. in "EXAFS Spectroscopy: Techniques and Applications", Teo, B. K., Joy, D. C., ed., Plenum, New York, 1981, p.89.

331   Crozier, E. D., J. J. Rehr, and R. Ingalls, 1988, in X−Ray Absorption: Principles, Applications, Techniques of EXAFS, SEXAFS, and XANES, edited by D. C. Koningsberger and R. Prins(Wiley, New York), p.375.

332   Crozier, E. D.; Alberding, N.; Sundheim, B. R. J. Chem. Phys., 1983, 79, 939.

333   Crozier, E. D.; Lytle, F. W.; Sayers, D. E.; Stern, E. A. Can. J. Chem., 1977, 55, 1968.

334   Crozier, E. D.; Seary, A. J. Can. J. Phys., 1980, 58, 1388.

335   Crozier, E. D.; Seary, A. J. Can. J. Phys., 1981, 59, 876.

336   Csillag, S.; Johnson, D. E.; Stern, E. A. in "EXAFS Spectroscopy: Techniques and Applications", Teo, B. K., Joy, D. C., ed., Plenum, New York, 1981, p.241.

337   Cyrin, S. J. "Molecular Vibrations and Mean Square Amplitudes", Elsevier, Amsterdam, 1968, p.77.

338   Dagg, C., L. Troger, D. Arvanitis, and K. Baberschke, 1993, J. Phys.: Condens. Matter 5, 6845.

339   Dalba, G., and P. Fornasini, 1997, J. Synchrotron Radiat. 4, 243.

340   Dalba, G., and P. Fornasini, 1999, Phys. Rev. Lett. 82, 4240.

341   Dalba, G.; Ferrari, F.; Fornasini, P.; Burattini, E.; Cavallo, N.; Foresti, M.; Mencuccini, C.; Pancini, E.; Patteri, P.; Rinzivillo, R.

Daresbury Lab. Rep. DL/SCI/R17, 1981, 104.

342　Dalba, G.; Fontana, A.; Fornasini, O.; Mariotto, G.; Rocca, F.; Bernieri, E.; Masullo M. R.; Morone, A. Springer Ser. Chem. Phys., 1983, 27, 290.

343　Dalba, G.; Fornasini, P.; Burattini, E. J. Phys. C, 1983, 16, L165.

344　Darshan, B.; Padalia, B. D.; Nagrajan, R.; Sampathkumaran, E. V.; Gupta, L. C.; Vijayaraghvan, R. Proc. Nucl. Phys. Solid State Phys. Symp., 1983, 23, 562.

345　Dartyge, E.; Flank, A. M.; Fontaine, A.; Jucha, A. J. Phys. Colloq., 1984, C2, 275.

346　Dartyge, E.; Fontaine, A. J. Phys. F, 1984, 14, 721.

347　Dartyge, E.; Fontaine, A.; Mimault, J. Springer Ser. Chem. Phys., 1983, 27, 80.

348　Davies, B. M.; Brown, F. C. Phys. Rev. B, 1982, 25, 2997.

349　Davis, L. A.; Mac Donald, N. C.; Palmberg, P. W.; Riach, G. E.; Weber, R. E., ed., "Hamdbook for Auger Electron Spectroscopy", 2nd Ed., Phys, Elect. Ind., Eden Prairie, Minn., 1976.

350　Davoli, I.; Palladino, L.; Stizza, S.; Bianconi, A. Solid State Commun., 1982, 44, 1585.

351　Davoli, I.; Stizza, S.; Benfatto, M.; Gzowski, O.; Murawski, L.; Bianconi, A.; Springer Ser. Chem. Phys., 1983, 27, 161.

352　Dawson, K. J. H.; Andersson, L. A.; Davis, I. M.; Hahn, J. E. Dev. Biochem., 1980, 13, 565.

353　Dawson, k J. H.; Andersson, L. A.; Hodgson, K. O.; Hahn, J. E. Dev. Biochem., 1980, 23, 589.

354　De Grescenzi, M. Springer Ser. Chem. Phys., 1983, 27, 382.

355　De Grescenzi, M.; Balzarotti, A.; Comin, F.; Incoccia, L.; Mobilio, S.; Bacci, D. J. Phys., Colloq., 1980, C8, 238.

356   De Grescenzi, M.; Balzarotti, A.; Comin, F.; Incoccia, L.; Mobilio, S.; Motta, N. Daresbury Lab. Rep. DL/SCI/R17, 1981a, 119.

357   De Grescenzi, M.; Balzarotti, A.; Comin, F.; Incoccia, L.; Mobilio, S.; Motta, N. Solid State Commun., 1981b, 37, 921.

358   De Grescenzi, M.; Chiarello, G.; Colavita, E.; Memeo, R. Phys. Rev. B, 1984, 29, 3730.

359   de Groot, F. M. F. J., 1994, J. Electron Spectrosc. Relat. Phenom. 67, 529.

360   de Boor, C. "A Practical Guide to Splines", Springer, New York, 1978.

361   de Boor, C. J. Approx. Th., 1968, 1, 219.

362   de Boor, C. J. Approx. Th., 1972, 6, 50.

363   Debye, P.(1915) Ann. Phys.(Leipzig) 46, 809 – 814.

364   Defrain, A. Bosio, L.; Cortes, R.; Gomes da Costa, P. J. Non – Cryst. Solids, 1984, 61 – 62, 439.

365   Dehmer, J. L., and D. Dill, 1976, J. Chem. Phys. 65, 5327.

366   Dehmer, J. L.; Dill, D. in Proc. 2nd Int. Conf. Inn. Shell Ioniz. Phenom., Mehlhorn, W., Brenn, R., ed., 1976, p.221.

367   Del Cueto, J. A.; Shevchik, N. J. J. Phys. C, 1978a, 11, L829.

368   Del Cueto, J. A.; Shevchik, N. J. J. Phys. C, 1978b, 11, L833.

369   Del Cueto, J. A.; Shevchik, N. J. J. Phys. E, 1978c, 11, 616.

370   Del Cueto, J. A.; Shevchik, N. J. J. Phys. F, 1977, 7, L215.

371   Della Longa, S., A. Soldatov, M. Pompa, and A. Bianconi, 1995, Comput. Mater. Sci. 4, 199.

372   den Boer, M. L.; Cohen, P. I.; Park, R. L. J. Vac. Sci. Tech., 1978, 15, 502.

373   den Boer, M. L.; Einstein, T. L.; Elam, W. T.; Park, R. L.; Roelofs, L. D.; Laramore, G. E. Phys. Rev. Lett., 1980, 44, 496.

374 Denboer, M. L., T. L. Einstein, and J. J. Rehr, 1994, in Encyclopedia of Advanced Materials, edited by David Bloor et al.(Pergamon, London), p.771.

375 Denley, D. R.; Raymond, R. H.; Tang, S. C. J. Catal., 1984, 87, 414.

376 Denley, D. R.; Raymond, R. H.; Tang, S. C. Springer Ser. Chem. Phys. 1983, 27, 325.

377 Denley, D.; Perfetti, P.; Williams, R. S.; Shirley, D. A.; Stohr, J. Phys. Rev. B, 1980, 21, 2267.

378 Denley, D.; Williams, R. C.; Perfetti, P.; Shirley, D. A.; Stohr, J. Phys. Rev. B, 1979, 19, 1762.

379 Deobler, U.; Baberschke, K.; Hasse, J. Puschmann, A. Phys. Rev. Lett., 1984, 52, 1437.

380 Desclaux, J. P., 1975, Comput. Phys. Commun. 9, 31.

381 Deshmukh, P.; Deshmukh, P.; Mande, C. J. Phys. C, 1981, 14, 531.

382 Desideri, A.; Comin, F.; Morpurgo, L.; Cocco, D.; Calabrese, L.; Mondovi, B.; Maret, W.; Rotilio, G. Biochem. Biophys. Acta, 1981, 670, 312.

383 Desideri, A.; Rotilio, G. Springer Ser. Chem. Phys., 1983, 27, 342.

384 Dev., B. N.; Mishra, K. C.; Gibson, W. M.; Das, T. P. Phys. Rev. B, 1984, 29, 1101.

385 Dexpert, H.; Lagarde, P. Bournonville, J. P. J. Mol. Catal., 1984, 25, 347.

386 Diamond, H.; Pan, H. K.; Knapp, G. S.; Horwitz, E. P. Solvent Extr. Ion Exch., 1983, 1, 515.

387 Dill, D., Dehmer, J. L. J. Chem. Phys., 1974, 61, 692.

388 Dimakis, N., and G. Bunker, 1998, Phys. Rev. B, 58, 2467.

389 Ding, Y. S.; Yaruso, D. J.; Pan, H. K. D.; Cooper, S. L. J. Appl.

Phys., 1984, 56, 2396.

390   Donato, E.; Giuliano, E. S.; Ruggeri, R.; Ginatempo, B.; Stancanelli, A. Nuovo Cimento D, 1982, 1, 351.

391   Doniach, S.; Eisenberger, P.; Hodgson, K. O. in "Synchrotron Radiation Research", Winick, H., Doniach, S., ed., Plenum, New York, 1980, p.425.

392   Doniach, S., Hodgson, K., Lindau, I, Pianetta, P. and Winick, H. J. Synchrotron Rad.(1997), 4, 380 – 395.

393   Dreier, P.; Rabe, P.; Malzfeldt, W.; Nieman, W. Springer Ser. Chem. Phys. 1983, 27, 378.

394   Drezdzom, M. A.; Tessier – Youngs, C.; Woodcock, C.; Blonsky, P. M. Leal, O.; Teo, B. K.; Burwell, R. L., Jr.; Shriver, D. F. Inorg. Chem. 1985, 24, 2349.

395   Dubois, J. M.; goulon, J.; Le Gear, G.; GChieux, P.; Goulon, J. Nucl. Instrum. Methods Phys. Res., 1982, 199, 315.

396   Dubois, J. M.; Goulon, J.; Le Gear, G.; Lagarde, P. Springer Ser. Chem. Phys., 1983, 27, 284.

397   Dukhnyakov, A. Yu.; Vinogradov, A. S. Opt Spektrosk., 1982, 53, 841.

398   Durham, P. J. Springer Ser. Chem. Phys., 1983, 27, 37.

399   Durham, P. J., J. B. Pendry, and C. H. Hodges, 1982, Comput. Phys. Commun. 25, 193.

400   Durham, P. J.; Pendry, J. B.; Hodges, C. H. Comput. Phys. Commun., 1982, 25, 193.

401   Durham, P. J.; Pendry, J. B.; Hodges, C. H. Solid State Commun., 1981, 38, 159.

402   Durham, P. J.; Pendry, J. B.; Norman, D. Daresbury Lab. Rep. DL/SCI/R17, 1981, 108.

403   Durham, P. J.; Pendry, J. B.; Norman, D. J. Vac. Sci. Technol., 1982, 20, 665.

404   Dutta, C. M.; Huang, H. W. Phys. Rev. Lett., 1980, 44, 643.

405   Dyson, N. A. in "X−rays in Atomic and Nuclear Physics", Longman Group, London, 1973, p.69.

406   E1−Mashri, S. M.; Forty, A. J.; Jones, R. G., Scan. Elect. Microsc., 1983, 2, 569.

407   E1−Mashri, S. M.; Jones, R. G.; Forty, A. J. Philos Mag. A., 1983, 48, 665.

408   Eanes, E. D.; Costa, J. L. MacKenzie, A.; Warburton, W. K. Rev. Sci. Instrum., 1980, 51, 1579.

409   Eanes, E. D.; Powers, L.; Costa, J. L. Cell Calcium, 1981, 2, 251.

410   Eason, R. W.; D. K.; Kilkenny, J. D.; Greaves, G. N. J. Phys. C, 1984, 17, 5067.

411   Eastman, D. E.; Freeouf, J. L. Phys. Rev. Lett., 1974, 33, 1601.

412   Eberle, H. G.; Schnuerer, E. Wiss. Ber. Akad. Wiss. D. D. R., Zentralinst. Festkoerperphys. Werkstofforsh, 1980, 20, 42.

413   Ebert H., and G. Schutz, 1996, Eds., Spin−orbit Influenced Spctroscopies of Magnetic Solids(Springer, Berlin).

414   Ebert, H., 1996, Rep. Prog. Phys. 59, 1665.

415   Ebert, H., B. DrittIer, P. Strange, R. Zeller, and B. L. Gyorffy, 1991, in The Effects of Relativity in Atoms, Molecules and the Solid−state, edited by S. Wilson, P. Grant, and B. L. Gyorffy(Plenum, New York), p.275.

416   Einstein, T. L. Appl. Surf. Sci., 1982, 11−12, 42.

417   Einstein, T. L.; den Boer, M. L.; Morar, J. F.; Park, R. L. J. Vac. Sci. Technol., 1981, 18, 490.

418   Einstein, T. L.; Mehl, M. J.; Morar, J. F.; Park, L.; Laramore, G. E.

Springer Ser. Chem. Phys., 1983, 27, 391.

419   Einstein, T. L.; Mehl, M. J.; Morar, J. F.; Park, R. L.; Laramore, G. E. Springer Ser. Chem. Phys., 1983, 27, 391.

420   Eisenberger, P. Daresbury Lab. Rep. DL/SCI/R17, 1981a, 1.

421   Eisenberger, P. Hyperfine Interact., 1981b, 10, 915.

422   Eisenberger, P. M.; Kincaid, B. M. Chem. Phys. Lett., 1975, 36, 134.

423   Eisenberger, P. M.; Kincaid, B. M. Science, 1978, 200, 1441.

424   Eisenberger, P., and G. S. Brown, 1979, Soild State Commun. 29, 481.

425   Eisenberger, P.; Brown, G. S. Solid State Commun., 1979, 29, 481.

426   Eisenberger, P.; Citrin, P.; Hewitt, R.; Kincaid, B. CRC Crit. Rev. Solid State Mater. Sci., 1981, 10, 191.

427   Eisenberger, P.; Kincaid, B. M.; Shulman, R. G. in "Front. Biol. Energ", Vol.1. Dutton, P. L., Leigh, J. S., Scarpa, A., ed., Academic, New York, 1978, p.652.

428   Eisenberger, P.; Lengeler, B. Phys. Rev. B, 1980, 22, 3551.

429   Eisenberger, P.; Okamura, M. Y.; Feher, G. Biophys. J., 1982, 37, 523.

430   Eisenberger, P.; Shulman, R. G.; Brown, G. S.; Ogawa, S. Proc. Natl. Acad. Sci., U.S.A., 1976, 73, 491.

431   Eisenberger, P.; Shulman, R. G.; Kincaid, B. M.; Brown, G. S.; Ogawa, S. Natire(London), 1978, 274, 30.

432   Ekardt, W., and D. B. T. Thoai, 1981, Solid State Commun. 40, 939.

433   Ekardt, W.; Thoai, D. B. Solid State Commun., 1981, 40, 939.

434   Ekardt, W.; Thoai, D. B. Solid State Commun., 1983, 45, 1083.

435   Elam, W. T.; Cohen, P. I.; Roelofs, L.; Park, R. L. Appl. Surf. Sci., 1979, 2, 636.

436   Elam, W. T.; Stern, E. A.; McCallum, J. D.; Sanders – Loehr, J. Am. Chem. Soc., 1982, 104, 6369.

437   Elam, W. T.; Stern, E. A.; McCallum, J. D.; Sanders – Loehr, J.

Am. Chem. Soc., 1983, 105, 1919.

438 Elder, R. C.; Eidsness, M. K.; Heeg, M. J.; Tepperman, K. G.; Shaw, C. F., Ⅲ; Schaeffer, N. ACS Symp. Ser., 1983, 209, 385.

439 Ellis, D. E., and G. L. Goodman, 984, Int. J. Quantum Chem. 25, 185.

440 Emrich, R. J.; Katzer, J. R. in "Laboratory EXAFS Facilities − 1980", AIP Conf. Proc., 1980, 64, 131.

441 Enderby, J. E. Can. J. Chem., 1977, 55, 1961.

442 Enderby, J. E.; Biggin, S. Adv. Molten Salt Chem., 1983, 5, 1.

443 Engel, T.; Reder, K. H. Springer Tracts in Mod. Phys., 1982, 91, 55.

444 Epstein, H. M.; Schwerzel, R. E.; Mallozzi, P. J.; Campbell, B. E. J. Am. Chem. Soc., 1983, 105, 1466.

445 Eriksson, L. A.; Tsai, C. M.; Cho, A. H.; Hurlbut, C. R. Nucl. Instrum. Methodsds, 1974, 122, 373.

446 Ershov, N. V.; Ageev, A. L.; Vasin, V. V.; Babanov, Yu. A. Phys. Status Solidi B, 1981, 108, 103.

447 Ershov, N. V.; Babanov, Y. A.; GValakhov, V. R. Phys. Status Solidi B, 1983, 117, 749.

448 Esteva, J. M.; Karnatak, R. C. J. Phys. Colloq., 1984, C2, 279.

449 Evangelisti, F. L. Proietti, M. G.; Balzarotti, A.; Comin, F.; Incoccia, L.; Mobilio, S. Solid State Commun., 1981, 37, 413.

450 Evans, R., and J. Keller, 1971, J. Phys. C4, 3155

451 Fadley, C. S., 1991, in Synchrotron Radiation Research: Advances in Surface Sciens, edited by R. Z. Bachrach(Plenum, New York), p.421.

452 Fang, S. S.; Chen, H. J. Phys. Chem. Solids, 1983, 44, 521.

453 Fang, S. S.; Chen, H. J. Phys. Chem. Solids, 1983, 44, 521.

454 Fano, U.; Cooper J. W. Rev. Mod. Phys., 1968, 40, 441.

455 Farges, F., G. E. Brown, Jr., and J. J. Rehr, 1997, Phys. Rev. B,

56, 1809.

456   Feedijk, J. Chem. Weekbl, Mag., 1978, 741, 739.

457   Feibelman, P. J.; Knotek, M. L. Phys. Rev. B. B, 1978, 18, 6531.

458   Feldman, J. L.; Skelton, E. F.; Ehrlich, A. C.; Dominguez, D. D.; Elam, W. T.; Qudri, S. B.; Lytle, F. W. Ext. Abstr. Program Bienn. Conf. Carbon, 16th, 1983, 209.

459   Felton, R. H.; Barrow, W. L.; May, S. W.; Sowell, A. L.; Goel, S.; Bunker, G.; Stern, E. A. J. Am. Chem. Soc., 1982, 104, 6132.

460   Fichtner Schmittler, H. Cryst. Res. Technol., 1984, 19, 1225.

461   Figgis, B. N. "Introduction to Ligand Fields", John Wiley & Sons, London, 1966, p.203.

462   Filipponi, A., 1991, J. Phys.: Condens. Matter 3, 6489.

463   Filipponi, A., A Di Cicco, T. A. Tyson, and C. R. Natoli, 1991, Solid State Commun. 78, 265.

464   Filipponi, A., and A Di Cicco, 1995, Phys. Rev. B, 52, 15122.

465   Filipponi, A., and A Di Cicco, 1996, Phys. Rev. B, 53, 9466.

466   Fillipponi, A., A Di Cicco, and C. R. Natolli, 1995, Phys. Rev. B, 52, 15135.

467   Fink, J.; Mueller − Heinzerling, T.; Pflueger, J. Bubenzer, A.; Koidl, P.; Crecelius, G. Solid State Commun., 1983, 47, 687.

468   Fischer, D. A.; Cohen G. G.; Shevchik, N. J. J. Phys. F, 1980, 10, L139.

469   Flank, A. M.; Fontaine, A.; Jucha, A.; Lemonnier, M.; Williams, C. J. Phys. Lett., 1982, 43, 315.

470   Flank, A. M.; Fontaine, A.; Jucha, A.; Lemonnier, M.; Williams, C. Springer Ser. Chem. Phys., 1983, 27, 405.

471   Flank, A. M.; Fontaine, A.; Lagarde, P.; Lemonnier, M.; Mimault, J.; Raoux, D.; Sadoc, A. Daresbury Lab. Rep. DL/SCI/R17, 1981, 70.

472   Flank, A. M.; Fontaine, A.; Jucha, A.; Lemonnier, M.; Raoux, D.; Williams, C. Nucl. Instrum. Methods Phys. Res., 1983, 208, 651.

473   Flank, A. M.; Lagarde, P.; Raoux, D.; Rivory, J.; Sadoc, A. Proc. 4th Int. Conf. Rapidly Quenched Met., 1981, 1, 393.

474   Flank, A. M.; Raoux, D.; D.; Naudon, A.; Sadoc, S. F. J. Non − Cryst. Solids, 1984, 61 − 62, 445.

475   Fleet, M. E.; Herzberg, C. T.; Henderson, G. S.; Crozier, E. D.; Osborne, M. D.; Scarfe, C. M. Geochim. Cosmochim. Acta, 1984, 48, 1455.

476   Fonda, L., 1992, J. Phys.: Condens. Matter 4, 8269.

477   Fontaine, A.; Lagard, P.; Naudon, A.; Raoux, D.; Spnjaard, D. Philos. Mag. B, 1979, 40, 17.

478   Fontaine, A.; Lagard, P.; Raoux, D.; Esteva, J. M. J. Phys. F, 1979, 9, 2143.

479   Fontaine, A.; Lagard, P.; Raoux, D.; Fontana, M. P.; Maisano, G.; Migliardo, P.; Wanderlingh, F. Phys. Rev. Lett., 1978, 41, 504.

480   Fontana, M. P.; Lottici, P. P.; Razzetti, C.; Bianchi, D.; Antonioli, G.; Emiliani, U. Solid State Commun., 1982, 43, 561.

481   Fontana, M. P.; Maisano, G.; Migliardo, P.; Wanderlingh, F. J. Chem. Phys., 1978, 69, 676.

482   Foulis, D. L., R. F. Pettifer, C. R. Natoli, and M. Benfatto, 1990, Phys. Rev. A, 41, 6922.

483   Fox, P. A.; Hall, A. D.; Schryer, N. L. "The PORT Library Mathematical Subroutine Library", Bell Laboratories Computing Science Technical Report, 1976, No.47.

484   Fox, R.; Gurman, S. J. J. Phys. C, 1980, 13, L249.

485   Fox, R.; Gurman, S. J. Phys. Chem. Glasses, 1981, 22, 32.

486   Frahm, R.; Haensel, R.; Rabe, P. J. Phys. F, 1984, 14, 1029.

487   Frahm, R.; Haensel, R.; Rabe, P. J. Phys. F, 1984, 14, 1333.

488   Frahm, R.; Haensel, R.; Rabe, P. Springer Ser. Chem. Phys., 1983, 27, 107.

489   Franchy, R.; Menzel, D. Phys. Rev. Lett., 1979, 43, 865.

490   Frank, K. H.; Kaindl, G.; Feldhaus, J.; Wortmann, G. Krone, W.; Materlik, G.; Bach, H. in "Valence Instab", Wachter, P.; Boppart, H., ed., North − Holland: Amsterdam, 1982, p.189.

491   Franz, P., Sayers, D. and Lytle, F.(1973) "Fast Interactive Computer Graphics for Fourier Transforms of X − ray Data" Boeing Internal Document, unpublished.

492   Frenkel, A. I., and J. J. Rehr, 1993, Phys. Rev. B, 48, 585.

493   Frenkel, A. I.; Rehr, J. J.(1993), Phys. Rev. B, 48(1) 585 − 588.

494   Frenkel, A. I.; Stern, E. A.; Qian, M.; Newville, M.(1993), Phys. Rev. B, 48(17), 12449 − 12458.

495   Fricke, H.(1920) Phys. Rev. 16, 202 − 215.

496   Friedel, J., 1969, Comments Solid State Phys. 2, 21.

497   Fritzsche, V., 1992, J. Electron Spectrosc. Relat. Phenom. 58, 299.

498   Fujikawa, T. J. Electron Spectrosc. Relat. Phenom., 1981, 22, 353.

499   Fujikawa, T. J. Electron Spectrosc. Relat. Phenom., 1982a, 26, 79.

500   Fujikawa, T. J. Phys. Soc.. Jpn., 1982b, 51, 2619.

501   Fujikawa, T., 1993, J. Phys. Soc. Jpn. 62, 2155.

502   Fujikawa, T., and L. Hedin, 1989, Phys. Rev. B 40, 11 507.

503   Fujikawa, T., J. J. Rehr, Y. Wada, and S. Nagamatsu, 1999, J. Phys. Soc. Jpn. 68, 1259.

504   Fujikawa, T., T. Yikeaki, and L. Hedin, 1995, J. Phys. Soc. Jpn. 64, 2351.

505   Fukamachi, T.; Hosoya, S. Acta Cryst. Allogr. A, 1975, 31, 215.

506   Fukamachi, T.; Kawamura, T. Bunseki, 1981, 4, 221.

507   Fukushima, T.; Katzer, J. R.; Sayers, D. E.; Cook, J. Stud. Surf. Sci. Catal., 1981, 7, 79.

508   Fussa, O.; Kauzlarich, S.; Dye, J. L.; Teo, B. K. J. Am. Chem. Soc., 1985, 107, 3727.

509   Gallezot, P.; Weber, R.; Dalla Betta, R. A.; Boudart, M. Z. Naturforsch A, 1979, 34, 40.

510   Galli, G.; Maisano, G.; Migliardo, P.; Vasi, C.; Wanderlingh, F.; Fontana, M. P. Solid State Commun., 1982, 42, 213.

511   Gamble, R. C. in "Laboratory EXAFS Facilities − 1980", AIP Conf. Proc., 1980, 64, 123.

512   Garcia − Iniguez, L.; Powers, L; Chance, B. Sellon, S.; Mannervik, B.; Mildvan, A. S. Biochemistry, 1984, 23, 685.

513   Garner, C. D. and Hasnain, C. D.(1981), EXAFS for Inorganic Systems, Proc. First EXAFS conference. Report DL/SCI/R17. Daresbury Laboratory, Earrington WA4 4AD, UK.

514   Garner, C. D.; Hasnain, S. S.; Bremner, I.; Bordas, J. J. Inorg. Biochem., 1982, 16, 253.

515   Garner, C. D.; Hasnain, S. S.; Ed. "EXAFS(extended X − Ray Absorption Fine Structure) for Inorganic Systems", Daresbury Lab. Rep. DL/SCI/R17, 1981b.

516   Gaskell, P. H. Daresbury Lab. Rep. DL/SCI/R19, 1983, 28.

517   Gaskell, P. H. J. Phys. C, 1979, 12, 4337.

518   Gaskell, P. H.; Glover, D. M.; Livesey, A. K.; Durham, P. J.; Greaves, G. N. in "Struct. Non − Cryst. Mater. 1982", Gaskell, P. H.; Parker, J. M.; Davis, E. A., ed., Taylor & Francis, London, 1983, p.29.

519   Gaskell, P. H.; Glover, D. M.; Livesey, A. K.; Durham, P. J.; Greaves, G. N. J. Phys. C, 1982, 15, L597.

520   Gaskell, P. H.; Glover, D. M.; Livesey, A. K.; Durham, P. J.; Greaves, G. N. Springer Ser. Chem. Phys., 1983, 27, 157.

521   Gaspar, R. Acta Phys. Hung., 1954, 3, 263.

522   Gavrila, M.; Hansen, J. E. J. Phys. B, 1978, 11, 1353.

523   Geere, R. G.; Gaskell, P. H.; Greaves, G. N.; Greengrass, J.; Binstead, M. Springer Ser. Chem. Phys., 1983, 27, 256.

524   Georgopoulos, P.; Knapp, G. S. J. Appl. Crystallogr., 1981, 14, 3.

525   Ghatikar, M. N. Phys. Status Solidi B, 1983, 120, 445.

526   Ghatikar, M. N.; Hatwar, T. K.; Padalia, B. D.; Sampathkumaran, E. V.; Gupta, L. C.; Vijayaraghavan, R. Phys. Status Solidi B, 1981, 106, K89.

527   Ghatikar, M. N.; Padalia, B. D. J. Phys. C, 1978, 11, 1941.

528   Ghosh, D.; Furey, W.; O'Donnell, S.; Stout, D. J. of Biol. Chem., 1981, 256, 4185.

529   Godart, C.; Cupta, L. C.; Ravet − Krill, M. F. J. Less − Common Met., 1983, 94, 187.

530   Godart, C.; Krill, G.; Ravet − Krill, M. F. J. Less − Common Met., 1983, 94, 177.

531   Gohshi, Y.; Fukushima, T. Shokubai, 1980, 22, 396.

532   Goldman, A. I.; Canova, E.; Kao, Y. H.; Fitzpatrick, B. J.; Bhargava, R. N.; Phillips, J. C. Appl. Phys. Lett., 1983, 43, 836.

533   Gonis, A., 1992, Green Functions for Ordered and Disordered Systems(North − Holland, Amsterdam).

534   Goulding, F. S.; Jaklevic, J. M.; Thompson, A. C. Lawrence Berkeley Lab. Report, LBL − 7542, CONF − 780497 − 2, Energy Res. Abstr., 1979, 4, No.27635.

535   Goulon, J.; Friant, P.; Goulon − Ginet, C.; Coutsoelos, A.; Fuilard, R. Chem. Phys., 1984, 83, 367.

536   Goulon, J.; Friant, P.; Poncet, J. L.; Guilard, R.; Fischer, J.; Ricard, L. Springer Ser. Chem. Phys., 1983, 27, 100.

537   Goulon, J.; Georges, E. Goulon − Ginet, C.; Chauvin, Y.; Commereuc, D.; Dexpert, H.; Freund, E. Chem. Phys., 1984, 83, 357.

538   Goulon, J.; Goulon − Ginet, C. Pure Appl. Chem., 1982, 54, 2307.

539   Goulon, J.; Goulon − Ginet, C.; Chabanel, M. J. Solution Chem., 1981, 10, 649.

540   Goulon, J.; Goulon − Ginet, C.; Cortes, R.; Duibois, J. M. J. Phys., 1982, 43, 539.

541   Goulon, J.; Goulon − Ginet, C.; Cortes, R.; Duibois, J. M. Springer Ser. Chem. Phys., 1983, 27, 96.

542   Goulon, J.; Goulonk, C.; Niedercorn, F.; Selve, C.; Castrp, B. Tetraedron, 1981, 37, 3707.

543   Goulon, J.; Lemonnier, M.; Cortes, R.; Retournard, A.; Raoux, D. Nucl. Instrum. Methods Phys. Res., 1983, 208, 625.

544   Goulon, J.; Retournard, A.; Friant, P.; Goulon − Ginet, C.; Berthe, C.; Muller, J. F.; Poncet, J. L.; Guilard, R.; Escalier, J. C.; Neff, B. J. Chem. Soc., Dalton Trans., 1984, 1095.

545   Goulon, J.; Tola, P.; Lemonnier, M.; Dexpert − Ghys, J. C.; Neff. Phys., 1983, 78, 347.

546   Goulon − Ginet, C.; Goulon, J. Stud. Phys. Theor. Chem., 1983, 24, 169.

547   Goulon − Ginet, C.; Goulon, J.; Battioni, J. P.; Mansuy, D.; Chottard, J. C. Springer Ser. Chem. Phys., 1983, 27, 349.

548   Grant, I. P., 1970, Adv. Phys. 19, 747.

549   Greaves, G. N. J. Phys. Colloq., 1981, C4, 225.

550   Greaves, G. N. Springer Ser. Chem. Phys., 1983, 27, 248.

551   Greaves, G. N.; Diakun, G. P.; Quinn, P. D.; Hart, M.; Siddons,

D. P. Nucl. Instrum. Methods Phys. Res., 1983, 208, 335.

552   Greaves, G. N.; Durham, P. J.; Diakun, G.; Quinn, P. Nature (London), 1981, 294, 139.

553   Greaves, G. N.; Fontaine, A.; Lagarde, P.; Raous, D. Daresbury Lab. Rep. DL/SCI/R17, 1981, 115.

554   Greaves, G. N.; Fontaine, A.; Lagarde, P.; Raous, D.; Gurman, S. J. Nature(London), 1981, 293, 611.

555   Greaves, G. N.; Fontaine, A.; Lagarde, P.; Raous, D.; Gurman, S. J.; Parke, S. in "Recent Dev. Condens. Matter Phys", Vol.2, Devreese, J. T., ed., 1984, p.225.

556   Greaves, G. N.; Raous, D. in "Struct. Non − Cryst. Mater. 1982", Gaskell, P. H.; Parker, J. M.; Davis, E. A., ed., Taylor & Francis: London, 1983, p.55.

557   Greaves, G. N.; Simkiss, K.; Taylor, M.; Binsted, N. Biochem. J., 1984, 221, 885.

558   Greaves, N. Recherche, 1982, 13, 1184.

559   Greegor, R. B., and F. W. Lytle, 1979, Phys. Rev. B, 20, 4902.

560   Greegor, R. B.; Lytle, F. W. J. Catal., 1980, 63, 476.

561   Greegor, R. B.; Lytle, F. W. Phys. Rev. B, 1979, 20, 4902.

562   Greegor, R. B.; Lytle, F. W.; Chin, R. L.; Hercules, D. M. J. Phys. Chem., 1981, 85, 1232.

563   Greegor, R. B.; Lytle, F. W.; Ewing, R. C.; Haaker, R. F. Mater. Res. Soc. Symp. Proc., 1982, 11, 409.

564   Greegor, R. B.; Lytle, F. W.; Ewing, R. C.; Haaker, R. F. Nucl. Instrum. Methods Phys. Res. B, 1984, 229, 587.

565   Greegor, R. B.; Lytle, F. W.; Sandstorm, D. R.; Wong, J.; Schultz, P. J. Non − Cryst Solids., 1983, 55, 27.

566   Green, G. K. BNL Report 50522. 1977, 90: BNL Report 50595,

1977, Vol. Ⅱ.

567 Grosso, G.; Pastori, P. G. J. Phys. C, 1980, 13, L919.

568 Grunes, L. A, 1983, Phys. Rev. B, 27, 2111.

569 Grunes, L. A. Phys. Rev. B, 1983, 27, 2111.

570 Gudat, W.; Kunz, C. Phys. Rev. Lett., 1972, 29, 169.

571 Gupta, S. N.; Vijayavargiya, V. P.; Padalia, B. D.; Tripathi, B. C.; Ghatikar, M. N. Phys. Status Solidi B, 1977, 82, 603.

572 Gurman, S. J. J. Mater. Sci., 1982, 17, 1541.

573 Gurman, S. J., N. Binsted, and I. Ross, 1986, J. Phys. C, 19, 1845.

574 Gurman, S. J.; Binsted, N.; Ross, I. J. Phys. C., 1984, 17, 143.

575 Gurman, S. J.; Pettifer, R. F. Phill. Mag. B, 1979, 40, 345.

576 Gusatitinskii, A. N.; Bunin, M. A.; Blokhin, M. A.; Minin, V. I.; Prochukhan, V. D.; Averkieva, G. K. Phys. Status Solidi B, 1980, 100, 739.

577 Haensel, R. in "High Pressure Sci Technol", Vol.1, Vondar, B., Marteau, P., ed., 1980b, p.54.

578 Haensel, R. in "Laboratory EXAFS Facilities − 1980", AIP Conf. Proc., 1980a, 64, p.73.

579 Haensel, R.; Rabe, P.; Tolkiehn, G.; Werner, A. Report DESY − SR − 80/06, 1980, 20; NTIS: Energy Res. Abstr., 1982, 7, No.22459.

580 Hahn, J. E.; Hodgson, K. O.; Andersson, L. A.; Dawson, J. H. J. Biol. Chem., 1982, 257, 10934.

581 Hahn, J. E.; Hodgson, K. O. ACS Symp. Ser., 1983, 211, 431.

582 Hahn, J. E.; Scott, R. A. Hodgson, K. O. Doniach, S.; Desjardins, S. R.; Solomon, E. I. Chem. Phys. Lett., 1982, 88, 595.

583 Halaka, F. G.; Boland, J. F.; Baldeschwieler, J. D. J. Am. Chem. Soc., 1984, 106, 5408.

584 Hanawalt, J. D.(1931a) Zeit. Phys. 70, 293 − 301.

585   Hanawalt, J. D.(1931b) Phys. Rev. 37, 715 − 726.

586   Hanus, M. J.: Gilberg, E. J. Phys. B, 1976, 9, 137.

587   Harrison, W. A., 1970, Solid State Theory(McGraw − Hill, New York).

588   Hartree, D. R.; del. Kronig, R.; Petersen, H. Physia, 1934, 1, 895.

589   Hasnain, S. S. Daresbury Lab. Rep. DL/SCI/R17, 1981, 23.

590   Hasnain, S. S. Springer Ser. Chem. Phys., 1983, 27, 330.

591   Hasnain, S. S., J. R. Helliwell, and H. Kamitsubo, Eds., 1999, Proceedings of the Tenth International Conference on X − ray Absorption Fine Structure, J. Synchrotron Radiat. 6, 121.

592   Hasnain, S. S.; Diakun, G. P.; Knowles, P. E.; Binsted, N.; Garner, C. D.; Blackburn, N. J. Biochem. J., 1984, 221, 545.

593   Hasnain, S. S.; Piggott, B. Biochem. Biophys. Res. Commun., 1983, 112, 279.

594   Hasnain, S. S.; Piggott, B. Springer Ser. Chem. Phys., 1983, 27, 358.

595   Hasnain, S. S.; Quinn, P. D.; Diakun, G. P.; Wardell, E. AM.; Garner, C. D. J. Phys. E, 1984, 17, 40.

596   Hastings, J. B. in EXAFS Spectroscopy: Techniques and Applications", Teo, B. K., Joy, D. C., ed., Plenum, New York, 1981, p.171 and p.205.

597   Hastings, J. B.; Eisenberger, P.; Lengeler, B.; Perlman, M. L. Phys. Rev. Lett., 1979, 43, 1807.

598   Hatwar, T. K.; Ghatikar, M. N.; Padalia, B. D.; Malik, S. K.; Vijayaraghavan, R. Phys. Status Solidi B, 1981, 103, 159.

599   Hatwar, T. K.; Malikm, S. K.; Ghatikar, M. N.; Padalia, B. D. Phys. Status Solidi B, 1979, 95, 621.

600   Hatwar, T. K.; Nayak, R. M.; Padalia, B. D.; Ghatikar, M. N.;

Sampathkumaran, E. V.; Gupta, L. C.; Vijayaraghavan, R. Solid State Commun., 1980, 34, 617.

601   Hayasi, T.(1949) Sci. Rep. Tôhoku Univ. Ser. 1 33, 123 − 132.

602   Hayes, T. M. Allen, J. W.; Tauc, J.; Giessen, B. C.; Hauser, J. J. Phys. Rev. Lett., 1978, 40, 1282.

603   Hayes, T. M. in "Phys. Non − Cryst. Solids", Frischat, G. H., ed., Trans, Tech. Publ., Aedermannsdorf, Switzerland, 1977, p.108.

604   Hayes, T. M. J. Non − Cryst. Solids, 1978, 31, 57.

605   Hayes, T. M. Nuovo Cimento D, 1984a, 3, 816.

606   Hayes, T. M. Nuovo Cimento D, 1984b, 3, 803.

607   Hayes, T. M.; Boyce, J. B. in "EXAFS Spectroscopy: Techniques and Applications", Teo, B. K., Joy, D. C., ed., Plenum, New York, 1981, p.81.

608   Hayes, T. M.; Boyce, J. B. J. Phys. C, 1980, 13, L731.

609   Hayes, T. M.; Boyce, J. B. Solid State Phys., 1982, 37, 173.

610   Hayes, T. M.; Boyce, J. B. Springer Ser. Chem. Phys., 1983, 27, 182.

611   Hayes, T. M.; Boyce, J. B.; Beeby, J. L. J. Phys. C, 1978, 11, 2931.

612   Hayes, T. M.; Hunter, S. H. in "Struct. Non − Cryst. Mater", Gaskell, P. H.; Davis, E. A., ed., Taylor and Francis, London, 1977, p.69.

613   Hayes, T. M.; Knights, J. C.; Mikkelsen, J. C., Jr. in "Amorphous Liq. Semicond", Spear, W. E., ed., Univ. Edinburgh, Edinburgh, Scotland, 1977, p.73.

614   Hayes, T. M.; Sen, P. N. Phys. Rev. Lett., 1975, 34, 956.

615   Hayes, T. M.; Sen, P. N.; Hunter, S. H. J. Phys. C., 1976, 9. 4357.

616   Hayes, T. M.; Wright, A. C. in "Struct. Non − Cryst. Mater., 1982" Gaskell, P. M.; Parker, J. M.; Davis, E. A., ed., Taylor & Francis, London, 1983, p.108.

617   Heald, S. M. in "Laboratory EXAFS Facilities – 1980", AIP Conf. Proc., 1980, 64, p.31.

618   Heald, S. M. Nucl. Instrum. Methods Phys. Res. A, 1984, 222, 160.

619   Heald, S. M. Springer Ser. Chem. Phys., 1983, 27, 98.

620   Heald, S. M.; Keller, E.; Stern, E. A. Phys. Lett. A, 1984, 103, 155.

621   Heald, S. M.; Stern, E. A. Phys. Rev. B, 1977, 16, 5549.

622   Heald, S. M.; Stern, E. A. Phys. Rev. B, 1978, 17, 4069.

623   Heald, S. M.; Stern, E. A. Synth. Met., 1980, 1, 249.

624   Heald, S. M.; Stern, E. A.; Bunker, B.; Holt, E. M.; Holt, S. L. J. Am. Chem. Soc., 1979, 101, 67.

625   Hedin, L., 1989, Physica B, 158, 344.

626   Hedin, L., and B. L. Lundqvist, 1971, J. Phys. C, 4, 2064

627   Hedin, L., and S. Lundqvist, 1969, in Solid State Physics, edited by F. Seitz, D. Turnbull, and H. Ehrenreich(Academic, New York), p.1.

628   Heinz, K., Muller, K. Springer Tracts in Mod. Phys., 1982, 91, 1.

629   Hendrickson, W. A.; Co, M. S.; Smith, J. L.; Hodgson, K. O. Klippenstein, G. L. Proc. Natl. Acad. Sci. U.S.A, 1982, 79, 6255.

630   Henke, B. L.; Lee, P.; Tanaka, T. J.; Shimabukuro, R. L.; Fujikawa, B. K. At. Data Nucl. Data Tables, 1982, 27, 1.

631   Herman, F., 1977, in Electrons in Finite and Infinite Structures, edited by D. Phariseau(Plenum, New York), p.382.

632   Herman, F., and S. Skillman, 1963, Atomic Structure Calculation (Prentice – Hall, Englewood Cliffs, New Jersey).

633   Herman, F.; Skillman, S. "Atomic Structure Calaculations", Prentice – Hall, Englewood Cliffs, N. J., 1963.

634   Hermes, C.; Gilberg, E.; Koch, M. H. J. Nucl. Instrum. Methods Phys. Res., A. 1984, 222, 207.

635   Hershfield, S. P.; Einstein, T. L. Phys. Rev. B, 1984, 29, 1048.

636   Hertz, G.(1920) Zeit. Phys. 3, 19 − 25.

637   Hida, M.; Maeda, H.; Kamijo, N.; Tanabe, K.; Terauchi, H.; Tsu, Y.; Watanabe, S. J. Non − Cryst. Solids, 1984, 61 − 62, 415.

638   Hida, M.; Maeda, H.; Kamijo, N.; Terauchi, H. Phys. Status Solidi A, 1982, 69, 297.

639   Hirota, S.; Fujikawa, T. J. Electron Spectrosc. Relat. Phenom., 1982. 28, 95.

640   Hitchcock, A. P.; Lock, C. J. L.; Pratt, W. M. C. Inorg. Chim. Acta, 1982, 66, L45.

641   Hodgson, K. O. Hedman, B.; Penner − Hahn, J. E., ed., "EXAFS and Near Edge Structure iii", Springer − Verlag, Berlin, 1985.

642   Hoffman, R. W. in "Passivity Met. Semicond", Froment, M., ed., Elsevier, AMSTERDAM, 1983, p.147.

643   Holland, B. W., J. B. Pendry, R. F. Pettifer, and J. Bordas, 1978, J. Phys. C, 11, 633.

644   Holland, B. W.; Pendry, J. B.; Pettifer, R. F.; Bordas, J. J. Phys. C, 1978, 11, 633.

645   Holt, C.; Hasnain, S. S.; Hukins, D. W. L. Biochem. Biophys. Acta, 1982, 719, 299.

646   Horowitz, P.; Howell, J. A. Science, 1976, 191, 1172.

647   Horsch, P., W. von der Linden, and W. O. Lukas, 1987, Solid State Commun. 62, 359.

648   Horsley, J. A. J. Chem. Phys., 1982, 76, 1451.

649   Hosoya, S.; Kawamura, T.; Fukamachi, T. Oyo Butsuri, 1978, 47, 708.

650   Hu, V. W.; Chan, S. I. Brown, G. S. Proc. Natl. Acad. Sci., U.S.A., 1977, 74, 3821.

651   Huang, H. W. Gov. Rep. Announce. Index(U.S.), 1979, 79, 93.

652   Huang, H. W.; Hunter, S. H.; Warburton, W. K.; Moss, S. C. Science, 1979, 204, 191.

653   Huang, H. W.; Liu, W. H.; Buchanan, J. A. Nucl. Instrum. Methods Phys. Res., 1983, 205, 375.

654   Huang, H. W.; Liu, W. H.; Teng, T. Y.; Wang, X. F. Rev. Sci. Instrum., 1983, 54, 1488.

655   Huang, H. W.; Williams, C. R. Biophys. J., 1981, 33, 269.

656   Huasheng, Wu, and S. Y. Tong, 1999, Phys. Rev. B, 59, 1657.

657   Huffman, G. P.; Huggins, F. E.; Cuddy, L. J.; Lytle, F. W.; Greegor, R. B. Scr. Metall., 1984, 18, 719.

658   Hung, N. V., and J. J. Rehr, 1997, Phys. Rev. B, 56, 43.

659   Hunter, S. H. in "EXAFS Spectroscopy: Techniques and Applications", Teo, B. K., Joy, D. C., ed., Plenum, New York, 1981, p.163.

660   Hunter, S. H.; Bienenstock, A.; Hayes, T. M. in "Amorphous Liq. Semicond", Spear, W. E., ed., Univ. Edinburgh, Edinburgh, Scotland, 1977a, p.78.

661   Hunter, S. H.; Bienenstock, A.; Hayes, T. M. in "Struct. Non − Cryst. Mater", Gaskell, P. H.; Davis, E. A., ed., Taylor and Francis, London, 1977b, p.73.

662   Hunter, S.; Bienenstock, A. in "Strukt. Svoistva Nekristallicheskikh Poluprovodn", Kolomiets, B. T., ed., Nauka, Leningr. Otd., Leningrad, USSR, 1976, p.151.

663   Huntley, D. R.; Parham, T. G.; Merrill, R. P.; Sienko, M. J. Inorg. Chem., 1983, 22, 4114.

664   Hussain, Z.; Umbach, E.; Shirley, D. A.; Stohr, J.; Feldhaus, J. Nucl. Instrum. Methods Phys. Res., 1982, 195, 115.

665   Hybertsen, M. S., and S. G. Louie, 1985, Phys. Rev. B, 32, 7005.

666   Ikeda, S. in "Recent Adv. Anal. Spectrosc", Fuwa, K, ed., Pergamon, Oxford, U. K., 1982, p.201.

667   Ikeda, S. Seisan to Gijutsu, 1982, 34, 17.

668   Ikzuka, T.; Uchida, K.; Ishimura, Y.; Ohyanago, H.; Hosoya, S. Seibutsu Butsuri, 1979, 19, 233.

669   Il'in, V. E.; Chermashentsev, V. M. Zh. Strukt, Khim., 1982, 23, 148.

670   Il'in, V. E.; Chermashentsev, V. M.; Mazalov, L. N. Zh. Strukt, Khim., 1982, 23, 161.

671   Incoccia, L.; Mobilio, S. Nuovo Cimento D, 1984, 3, 867.

672   Incoccia, L.; Mobilio, S. Springer Ser. Chem. Phys., 1983, 27, 91.

673   Incoccia, L.; Mobilio, S.; Benfatto, M.; Davoli, I.; Stizza, S.; Bianconi, A. Springer Ser. Chem. Phys., 1983, 27, 177.

674   Indrea, E.; Aldea, N. Comput. Phys. Commun., 1980, 21, 91.

675   Ingalls, R.; Crozier, E. D.; Whitmore, J. E.; Seary, A. J.; Tranquada, J. M. J. Appl. Phys., 1980, 51, 3158.

676   Ingalls, R.; Garcia, G. A.; Stern, E. A. Phys. Rev. Lett., 1978, 40, 334.

677   Ingalls, R.; Tranquada, J. M.; Whitmore, J. E.; Crozier, E. D. in "Phys. Solids High Pressure", Schilling, J. S., Shelton, R. N., ed., North – Holland, Amsterdam, 1981b, p.528.

678   Ingalls, R.; Tranquada, J. M.; Whitmore, J. E.; Crozier, E. D. Springer Ser. Chem. Phys., 1983, 27, 153.

679   Ingalls, R.; Tranquada, J. M.; Whitmore, J. E.; Crozier, E. D.; Seary, A. J. in "EXAFS Spectroscopy: Techniques and Applications", Teo, B. K., Joy, D. C., ed., 1981a, p.127.

680   Ingalls, R.; Whitmore, J. E.; Tranquada, J. M.; Crozier, E. D. in "High Pressure Sci. Technol", Vol.1, Vondar, B., Marteau, P., ed., Pergamon, Oxford, Englad, 1980, p.528.

681   Inglesfield, J. E., 1983, J. Phys. C, 16, 403.

682   Ipatova, 1971, Theory of Lattice Dynamics in the Harmonic Approximation 2nd Ed(Academic, New York).

683   Isaacson, M. J. Chem. Phys., 1972, 56, 1818.

684   Islam, M. S.; Mabde, C. Phys Status Solidi A, 1984, 81, 197.

685   Ismail, I. M.; Mazid, M. A.; Sadler, P. J.; Greaves, G. N. Daresbury Lab. Rep. DL/SCI/R17, 1981, 95.

686   Ito, M.; Iwasaki, H. Jpn. J. Appl. Phys., Part 1, 1983, 22, 357.

687   Ito, M.; Iwasaki, H.; Shiotani, N. Narumi, H.; Mizoguchi, T.; Kawamura, T. J. Non − Cryst. Solids, 1984, 61 − 62, 303.

688   Ito, M.; Kawamura, T. Philos. Mag. A, 1984, 49, L9.

689   Iwata, M.; Oyanagi, H. Kagaku to Kogyo, 1979, 32, 298.

690   Jaeger, R.; Feldhaus, J.; Stohr, J.; Hussain, Z.; Menzel, D.; Norman, D. Phys. Rev. Lett., 1980, 45, 1870.

691   Jahnke, E. and Emde, F.(1945) Tables of Functions, Dover Publications, p.154.

692   Jain, D. C.; Chandra, U.; Garg, K. B.; Sharma, B. K. J. Phys. D, 1980, 13, 1113.

693   Jain, D. C.; Sharma, B. K.; Garg, K. B. J. Phys. D, 1981, 14, L5.

694   Jain, D.; Garg, K. B.; Sharma, B. K. Proc. Nucl. Phys. Solid State Phys. Symp. C, 1978, 21, 42.

695   Jaklevic, J. M.; Kirby, J. A.; Ramponi, A. J.; Thompson, A. C. Environ. Sci. Technol., 1980, 14, 437.

696   Jaklevic, J.; Kirby, J. A.; Klein, M. P.; Robertson, A. S.; Brown, G. S.; Eisenberger, P. Solid State Commun., 1977, 23, 679.

697   James, R. W. "The Optical Principles of the Diffraction of X − Rays", Cornell University Press, Ithaca, N. Y., 1965, p.65.

698   Jenkins, R. "An Introduction to X − Ray Spectrometry", Heyden,

New York, 1974. (a) p.73. (b) p.72. (c) p.95. (d) p.88.

699 Jerome, R.; Vlaic, G.; Williams, C. E. J. Phys. Lett., 1983, 44, 717.

700 Jiang, B.; Yang, D. − S.; Ulyanov, A. N.; Yu, S. − C., (2004) J. APPL. PHYS., 95(11), 7115 − 7117.

701 Johansson, L. I.; Stohr, J. Phys. Rev. Lett., 1979, 43, 1882.

702 Johansson, L. I.; Stohr, J.; Brennan, S. Appl. Surf. Sci., 1980, 6, 419.

703 Johansson, L. I.; Stohr, J.; Brennan, S.; hecht, M. H.; Miller, J. N. Ned. Tijdschr. Vacuumtech., 1980, 18, 84.

704 Johnson, A.; Muetterties, E. L. J. Am. Chem. Soc., 1983, 105, 7183.

705 Johnson, K. H., 1973, Adv. Quantum Chern. 7, 143.

706 Johri, R. K.; Agarwal, B. K. J. Phys. F., 1978, 8, 555.

707 Joly, Y., Y. D. Cabaret, H. Renevier, and C. R. Natoli, 1999, Phys. Rev. Sett. 82, 2398.

708 Jona, F.; Maecus, P. M. J. Phys. C, 1980, 13, L447.

709 Jona, F.; Maecus, P. M. Phys. Rev. Lett., 1983, 50, 1823.

710 Joy, D. C.; Maher, D. M. Science, 1979, 206, 162.

711 Joyner, R. W. Daresbury Lab Rep. Dl/SCI/R13, 1979, 114.

712 Joyner, R. W. Daresbury Lab. Rep. Dl/SCI/R17, 1981. 65.

713 Joyner, R. W. in "Charact. Catal", Thomas, J. M., Lambert, R. M., ed., Wiley, Chichester, U. K., 1980a, p.237.

714 Joyner, R. W. J. Chem. Soc., Faraday Trans., 1980c, 76, 357.

715 Joyner, R. W. Phys. Lett., 1980b, 72, 162.

716 Joyner, R. W.; Meehan, P. Vacuum, 1983, 33, 691.

717 Joyner, R. W.; Van Veen, J. A. R.; Sachtler, W. M. H. J. Chem. Soc., Faraday Trans., 1982, 78, 1021.

718 Jucha, A.; Bonin, D.; Dartye, E.; Flank, A. M.; Fontaine, A.; Raoux, D. Nucl. Instrum. Methods Phys. Res. A, 1984, 226, 40.

719   Jungfleisch, M. L.; Islam, M. S.; Sapre, V. B.; Mande, C. Indian J. Phys., A, 1983, 57, 250.

720   Kaduwela, A. P., D. J. Friedman, and C. S. Fadley, 1991, J. Electron Spectrosc. Relat. Phenom. 57, 223.

721   Kaindl, G.; Brewer, W. D.; Kalkowski, G.; Holtzberg, F. phys. Rev. Lett., 1983, 51, 2056.

722   Kaindl, G.; Kalkowski, G.; Brewer, W. D.; Perscheid, B.; Holtzberg, F. J. Appl. Phys., 1984, 55, 1910.

723   Kalb, A. J.; Stern, E. A.; Heald, S. M. J. Mol. Biol., 1979, 135, 501.

724   Kambe, K.; Scheffler, M. Suff. Sci., 1979, 89, 262.

725   Kaminaga, U.; Matsushita, T.; Kohra, K. Jpn, I. Appl. Phys., 1981, 20, L355.

726   Karim, D. P.; Georgopoulos, P.; Knapp, G. S. Nucl. Technol., 1980, 51, 162.

727   Kauzmann, W.(1957) Quantum Chemistry, Academic Press, pp.187 − 188.

728   Kawamura, T. Natl. Lab. High Energy Phys., KEK(Jpn), 1980, 156.

729   Kawamura, T.; Hosoya, S. Seibutsu butsuri, 1979, 19, 213.

730   Kawamura, T.; Shimomura, O.; Fukamachi, T.; Fuoss, P. H. Acta Crystallogr. A, 1981, 37, 653.

731   Kennedy, O. J.; Manson, S. T. Phys. Rev. A, 1972, 5, 227.

732   Kevan, S. D.; Tobin, J. G.; Rosenblatt, D. H.; Davis, R. F.; Shirley, D. A. Phys. Rev. B, 1981, 23, 493.

733   Khalid, S.; Emrich, R.; Dujar, R.; Sgultz, J.; Katzer, J. R. Rev. Sci. Instrum., 1982, 53, 22.

734   Khasbardar, B. V.; Vaingankar, A. S.; Patil, R. N. Indian J. Pure Appl. Phys., 1981, 19, 612.

735   Khristenko, S. V. Phys. Lett. A, 1976, 59, 202.

736   Kievet, B. and Lindsay, G. A.(1930) Phys. Rev. 36, 648 − 664.

737   Kincaid, B. M., Ph. D. Thesis, Stanford University, 1975.

738   Kincaid, B. M.; Eisenberger, P. Phys. Rev. Lett., 1975, 34, 1361.

739   Kincaid, B. M.; Eisenberger, P.; Hodgson K. O.; Doniach, S. Proc. Natl. Acad. Sci. U.S.A., 1975, 72, 2340.

740   Kincaid, B. M.; Meixner, A. E.; Platzman, P. M. Phys. Rev. Lett., 1978, 40, 1296.

741   Kincaid, B. M.; Shulman, R. G. Adv. Inorg. Biochem., 1980, 2, 303.

742   Kirby, J. A.; Goodin, D. B.; Wydrzynski, T.; Robertson, A. S.; Klein, M. P. J. Am. Chem. Soc., 1981, 103, 5537.

743   Kirby, J. A.; Jaklevic, J. M.; Kafka, N.; Klein, M. P.; Robertson, A. S.; Smith, J. P.; Thompson, A. C.; Walker, T. P. Nucl. Instrum. Methods, 1978, 152, 330.

744   Kirby, J. A.; Robertson, A. S.; Smith, J. P.; Thompson, A. C.; Cooper, S. R.; Klein, M. P. J. Am. Chem. Soc., 1981, 103, 5529.

745   Kiyono, S.; Muranaka, T.; Watanabe, T. Jpn. J. Appl. Phys., 1979, 18, 1865.

746   Klein, O.; Nishina, Y. Z. Phys., 1929, 52, 853.

747   Knapp, G. S.; Chen, H.; Klippert, T. E. Rev. Sci. Instrum., 1978, 49, 1658.

748   Knapp, G. S.; Fradin, F. Y. in "Electron Positron Spectrosc. Mater. Sci. Eng", Buck, O., Tien, J. K., Marcus, H. L., ed., Academic, New York, 1979, p.243.

749   Knapp, G. S.; Georgopoulos, P. Cryst.: Growth, Prop., Appl., 1982, 7, 75.

750   Knapp, G. S.; Georgopoulos, P. Cryst.: Growth, Prop., Appl., 1982,

7, 75.

751   Knapp, G. S.; Georgopoulos, P. in "Laboratory EXAFS Facilities −
       1980", AIP Conf. Proc., 1980, 64, p.2.

752   Knapp, G. S.; Kampwirth, R. T.; Georgopoulos, P.; Brown, B. S. in
       "Supercond. d − f − Band Met", Suhl, H., Maple, M. B., ed.,
       Academic, New York, 1980, p.363.

753   Knapp, G. S.; Pan, H. K.; Georgopoulos, P.; Klippert, T. E.
       Springer Ser. Chem. Phys., 1983, 27, 402.

754   Knapp, G. S.; Veal, B. W.; Lam, D. J.; Paulikas, A. P.; Pan, H.
       K. Mater. Lett., 1984, 2, 253.

755   Knotek, M. L.; Feibelman, P. J. Phys. Rev. Lett., 1978, 40, 964.

756   Knotek, M. L.; Jones, V. O.; Rehn, V. Phys. Rev. Lett., 1979, 43, 300.

757   Kobayashi, S.; Takeuchi, S. J. Phys. F, 1982, 12, 1273.

758   Koelling, D. D., and B. N. Harmon, 1977, J. phys. C10, 3107.

759   Koestner, R. J.; Stohr, J.; Gland, J. L.; Horsley, J. A. Chem. Phys.
       Lett., 1984, 105, 332.

760   Kohn, W., and L. J. Sham, 1965, Phys. Rev. A 140, 1133.

761   Kohn, W.; Lee, T. K.; Lin − Liu, Y. R. Phys. Rev. B, 1982, 25,
       3557.

762   Kohn, W.; Sham, L. J. Phys. Rev. A, 1965, 140, 1133.

763   Koningsberger, D. C.; Cook, J. W., Jr. Springer Ser. Chem. Phys.,
       1983, 27, 412.

764   Koningsberger, D. C.; Huizinga, T.; van't Blik, H. F. J.; van Zon,
       J. B. A. D.; Prins, R.; Sayers, D. E. Springer Ser. Chem. Phys.,
       1983, 27, 310.

765   Koningsberger, D. C.; Prins, R. Chem. Mag., 1982, 33.

766   Koningsberger, D. C.; Prins, R. Trends Anal. Chem., 1981, 1, 16.

767   Koningsberger, D., B. Mojet, J. Miller, and D. Ramaker, 1999, J.

Synchrotron Radiat. 6, 135.

768   Koningsberger, D. C., and R. Prins, Eks., 1988, X − Ray Absorp −
      tion: Principles, Applications, Techniques of EXAFS, SEX − AFS, and
      XANES(Wiley, New York).

769   Kordesch, M. E.; Hoffman, R. W. Nucl. Instrum. Methods Phys.
      Res. A, 1984, 222, 347.

770   Kordesch, M. E.; Hoffman, R. W. Phys. Rev. B, 1984, 29, 491.

771   Korszun, Z. R.; Moffat, K.; Frank, K.; Cusanovich, M. A.
      Biochemistry, 1982, 21, 2253.

772   Kortright, J.; Warburton, W.; Bienenstock, A. Springer Ser. Chem.
      Phys., 1983, 27, 362.

773   Kossel, W.(1920) Zeit. Phys. 1, 119 − 134.

774   Kostarev, A. I. Zh. Eksp. Theo. Fiz., 1941, 11, 60.

775   Kostarev, I.(1941) Zh. Eksperim. Teor Fiz. 11, 60 − 73.

776   Kotani, A., 1997, J. Phys. IV Colloq. 7, C2, 1.

777   Kozlenkov, A.(1961) Bull. Acad. Sci. USSR, Phys. Ser. 25, 968 −
      987.

778   Kozlenkov, A. T. Bull. Acad. Sci., USSR, Ser. Phys., 1961, 25, 968.

779   Kozlowski, R.; Pettifer, R. F.; Thomas, J. M. J. Chem. Soc., Chem.
      Commun., 1983, 438.

780   Kozlowski, R.; Pettifer, R. F.; Thomas, J. M. J. Phys. Chem.,
      1983a, 87, 5172.

781   Kozlowski, R.; Pettifer, R. F.; Thomas, J. M. J. Phys. Chem.,
      1983b, 87, 5176.

782   Kozlowski, R.; Pettifer, R. F.; Thomas, J. M. Springer Ser. Chem.
      Phys., 1983b, 27, 313.

783   Krasnoperova, A. A.; Gluskin, E. S.; Mazalov, L. N.; Kochubei, V.
      A. Zh. Strukt. Khim., 1976, 17, 1113.

784   Krill, G.; Kappler, J. P.; Rohler, J. Springer Ser. Chem. Phys., 1983, 27, 190.

785   Krill, G.; Kappler, J. P.; Rohler, J.; Ravet, M. F.; Leger, J. M.; Gautier, F. in "Valence Instab", Wachter, P., Boppart, H., ed., North − Holland: Amsterdam, 1982, p.155.

786   Krishna, V.: Prasad, J.; Nigam, H. L. Indian J. Pure Appl. Phys., 1979, 17, 95.

787   Krogstad, R., Nelson, W. and Stephenson S.(1953) Phys. Rev. 92, 1394 − 1396.

788   Kronig, R. de L.(1931) Zeit. Phys. 70, 317 − 323.

789   Kronig, R. de L.(1932) Zeit. Phys. 75, 191 − 210.

790   Kronig, R., 1931, Z. Phys. 70, 317.

791   Kronig, R., 1932, Z. Phys. 75, 468.

792   Kubo, R., 1962, J. Phys. Soc. Jpn. 17, 1100.

793   Kutzler, F. W., C. R. Natoli, D. K. Misemer, S. Doniach, and K. O. Hodgson, 1980, J. Chem. Phys. 73, 3274.

794   Lee, P. A., and J. B. Pendry, 1975, Phys. Rev. B, 11, 2795.

795   Lee, P. A., and G. Beni, 1977, Phys. Rev. B, 15, 2862.

796   Lee, P. A., P. H. Citrin, P. Eisenberger, and B. M. Kincaid, 1981, Rev. Mod. Phys. 53, 769.

797   Lee, P. A.; Beni, G. Phys. Rev. B, 1977, 15, 2862.

798   Lee, P. A.; Boehm, F.; Vogel, P. Phys. Lett. A, 1977, 63, 251.

799   Lee, P. A.; Citrin, P. H.; Eisenberger, P.; Kincaid, B. M. Rev. Mod. Phys., 198153, 769

800   Lee, P. A.; Pendry, J. B. Phys. Rev B, 1975, 11, 2795.

801   Lee, P. A.; Teo, B. K.; Simons, A. L. J. Am. Chem. Soc., 1977, 99, 3836.

802   Lelieur, J. P.; Goulon, J.; Cortes, R.; Friant, P. J. Phys. Chem.,

1984, 88, 3730.

803   Lengeler, B.; Eisenberger, P. Phys. Rev. B, 1980, 21, 4507.

804   Lengeler, B.; Materlik, G.; Mueller, J. E. Phys. Rev. B, 1983a, 28, 2276.

805   Lengeler, B.; Materlik, G.; Mueller, J. E. Springer Ser. Chem. Phys., 1983b, 27, 150.

806   Levitz, P.; Crespin, M.; Gatineau, L. J. Chem. Soc., Faraday Trans. 2., 1983, 79, 195.

807   Levitz, P.; Crespin, M.; Gatineau, L. Springer Ser. Chem. Phys., 1983, 27, 219.

808   Licheri, G.; Paschina, G.; Piccaluga, G.; Pinna, G.; J. Chem. Phys., 1983, 79, 2168.

809   Licheri, G.; Paschina, G.; Piccaluga, G.; Pinna, G.; Vlaic, G. Chem. Phys. Lett., 1981, 83, 384.

810   Licheri, G.; Pinna, G. Navarra, G. Z. Naturforsch. A, 1983, 38, 559.

811   Licheri, G.; Pinna, G. Springer Ser. Chem. Phys., 1983, 27, 240.

812   Lindahl, P. A.; Kojima, N.; Hausinger, R. P.; Fox, J. A.; Teo, B. K.; Walsh, C. T.; Orme − Johnson, W. H. J. Am. Chem. soc., 1984, 106, 3062.

813   Lindau, I.; Winick, H. J. Vac. Sci. Technol., 1978, 15, 977.

814   Lindau, L, and W. E. Spicer, 1974, J. Electron Spectrosc. Relat. Phenom. 3, 409.

815   Lindh, A. E.(1921a) Zeit. Phys. 6, 303 − 310.

816   Lindh, A. E.(1921b) C. R. Acad. Sci Paris 172, 1175 − 1176.

817   Lindh, A. E.(1922) C. R. Acad. Sci. Paris 175, 25 − 27.

818   Lindh, A. E.(1925) Zeit. Phys. 31, 210 − 218.

819   Lindh, A. E.(1930) Zeit. Phys. 63, 106 − 113.

820   Lindsay, G. A.(1931) Zeit. Phys. 71, 735 − 738.

821   Littke, W. Nachr. Chem., Tech, Lab., 1979, 27, 318, 320.

822   Liu, W. H.; Wang, X. F.; Teng, T. Y.; Huang, H. W., Rev. Sci. Instrum., 1983, 54, 1653.

823   Loeffen, P. W., and R. F. Pettifer, 1996, Phys. Rev. Lett. 76, 636.

824   Lokhande, N. R. Phys. Status Solidi B, 1982, 114, K35.

825   Lokhnde, N. R.; Mande, C. J. Phys. chem. Solids, 1982, 43, 731.

826   Lokhnde, N. R.; Mande, C. Phys. Status Solidi B, 1980, 102, K11.

827   Long, G. G.; Kruger, J.; Black, D. R.; Kuriyama, M. J. Electrochem. Soc., 1983, 130, 240.

828   Long, G. G.; Kruger, J.; Black, D. R.; Kuriyama, M. J. J. Electroanal. Chem. Interfacial Electrochem., 1983, 150, 603.

829   Long, G. G.; Kruger, J.; Kuriyama, M. In "Passivity Met. semicond", Froment, M., ed., Elsevier, Amsterdam, 1983, p.139.

830   Lottici, P. P., 1987, Phys. Rev. B, 35, 1236.

831   Lottici, P. P.; Rehr, J. J. solid State Coimmun., 1980, 35, 565.

832   Loucks, T. L., 1967, Augmented Plane Wave Method(Benjamin, New York).

833   Lu, D., and J. J. Rehr, 1988, Phys. Rev. B, 37, 6126.

834   Lu, D., J. Mustre de Leon, and J. J. Rehr, 1989, Physica B, 158, 413.

835   Lu, K. Q.; Stern, E. A. Nucl. Instrum. Methods Phys. Res., 1983, 212, 475.

836   Lukirskii, A. P.; Brytov, I. A. Sov. Phys. solid State, 1964, 6, 33.

837   Lukirskii, A. P.; Savinov, E. P.; Brytov, I. A.; Shepelev, Yu, F. Bull. Acad. Sci. USSR Phys, Ser., 1964, 28, 774.

838   Lukirskii, A. P.; Zimkina, T. M. Izv. Akad. Nauk. USSR, Ser. Fiz., 1964, 28, 765.

839   Lukirskii, A. P.; Ershov, O. A.; Zimkina, T. M.; Savinov, E. P. Sov. Phys. solid State, 1966. 8, 1422.

840   Lundqvist, B. I, 1977, Phys. Kondens. Mater. 6, 206.

841   Lye, R. C.; Philips, J. C.; Kaplan, D.; Doniach, S.; Hodgson, K. O. Proc. Natl. Acad. Sci. USA, 1980, 77, 5884.

842   Lynch, D. W. J. Eletroanal. Chem. Interfacial Electrochem., 1983, 150, 229.

843   Lytle, F.(1962a) Dev. Appl. Spec. 2, 285 − 296.

844   Lytle, F.(1965) In Physics of Non − Crystalline Solids, edited by Prins, J., pp.12 − 30.

845   Lytle, F.(1966). Adv. In X − ray Analysis 9, 398 − 409.

846   Lytle, F. W. J. Catal., 1976, 43, 376.

847   Lytle, F. W. NBS Spec. Publ.(U.S.), 1977, 475, 34.

848   Lytle, F. W. Prepr. − Am. Chem. Soc., Div. Pet. Chem., 1984, 29, 785.

849   Lytle, F. W., 1999, J. Synchrotron Radiat. 6, 123.

850   Lytle, F. W.; Greegor, R. B.; Via, G. H.; Sinfelt, J. H. Prepr. − Am. Chem. Soc., Div. Pet. Chem., 1981, 26, 400.

851   Lytle, F. W.; Sayers, D. E.; Moore, E. B. Appl. Phys. Lett., 1974, 24, 45.

852   Lytle, F. W.; Sayers, D. E.; Stern, E. A. in "Adv. X − Ray Spectrosc", Bonnelle, C.; Mande, C., ed., Pergamon, Oxford, 1982, p.267.

853   Lytle, F. W.; Sayers, D. E.; Stern, E. A. Phys. Rev. B, 1975, 11, 4825; 1975, 11, 4836.

854   Lytle, F. W.; Sayers, D. E.; Stern, E. A. Phys. Rev. B, 1977, 15, 2426.

855   Lytle, F. W.; Via, G. H.; Sinfelt, J. H. in "Synchrotron Radiation Research", Winick, H., Doniach, S., ed., Plenum, New York, 1980, p.401.

856   Lytle, F. W.; Via, G. H.; Sinfelt, J. H. J. chem. Phys., 1977, 67, 3831.

857   Lytle, F. W.; Via, G. H.; Sinfelt, J. H. Prepr., div. Pet. Chem., Am. chem. soc., 1976, 21, 366.

858   Lytle, F. W.; Wei, P. S. P.; Greegor, P. B.; Via, G. H.; Sinfelt, G. H. J. Chem. Phys., 1979, 70, 4849.

859   Lytle, F., 1965, in Physics of Non − Crystalline Solids, edited by J. Prins(North Holland, Amsterdam), p.12.

860   Lytle, F., Sayers, D. and Moore, E.(1974) Appl. Phys. Lett. 24, 45 − 47.

861   Lytle, F., Sayers, D. and Stern, E.(1975). Phys. Rev. B11, 4825 − 4835.

862   Lytle, F., Sayers, D. and Stern, E.(1982). "The History and Modern Practice of EXAFS Spectroscopy" in Advances in X − ray Spectroscopy edited by Bonnelle and Mande, pp.267 − 286, Pergamon Press.

863   Macovei, D.; Pausescu, P.; Grigorovici, R.; Manaila, R. J. Appl. Crystallogr., 1982, 15, 39.

864   Madey, T. E. Surf. Sci., 1980, 94, 483.

865   Madey, T. E.; Stockbauer, R.; Van der Veen, J. F.; Eastman, D. E. Phys. Rev. Lett., 1980, 45, 187.

866   Madey, T. E.; Yates, J. T., Jr. Surf. Sci., 1977, 63, 203.

867   Maeda, H.; Tanimoto, T.; Terauchi, H.; Hida, M. Phys. Status Solidi A., 1980, 58, 629.

868   Maeda, H.; terauchi, H.; Kamijo, N.; Hida, M.; Osamura, K. in "Proc. Int. Conf. Rapidly Quenched Met. 4th", Vol.1, Masumoto, T.; Suzuki, K., ed., Jpn. Inst. Met., Sendai, Japan, 1982, p.397.

869   Maeda. H.; Terauchi, H.; Tanabe, K.; Kamijo, N.; Hida, Moritaka; Kawamura, H. Jpn. J Appl. Phys. Part1, 1982, 21, 1342.

870   Maira, G.; Hilaire, L.; Zahraa, O,; Ravet, M. F. Springer Ser. Chem. Phys., 1983, 27, 316.

871   Mallozzi, P. J.; Schwerzel, R. E.; Epstein, H. M.; Campbell, B. E. Phys. Rev. A, 1981, 23, 824.

872   Mallozzi, P. J.; Schwerzel, R. E.; Epstein, H. M.; Campbell, B. E. Science, 1979, 206, 353.

873   Malzfeldt, W.; Niemann, W.; Rabe, P.; Schwentner, N. Springer Ser. Chem. Phys., 1983, 27, 203.

874   Manaila, R.; Macovei, D. in "Amorphous Semicond." − '82, Grigorovici, R.; Ciurea, M., ed., Cent. Inst. Phys., Bucharest, Rom., 1982, p.46.

875   Manar, F., and C. Brouder, 1995, Physica B 208&209, 79.

876   Mande, C.; Apte, M. Y. Bull. Mater. Sci., 1981a, 3, 193.

877   Mande, C.; Apte, M. Y. in "Inn. − Shell X − ray Phys. At. Solids"(Proc. Int. Conf. X − Ray Processes Inn. − Shell Ioniz.), Fabian, D. J., Kleinpoppen, H;, Watson, L. M., ed., 1981b, p.691.

878   Mande, C.; Apte, M. Y.; Kondawar, V. K. Trans. Indian Inst. Met., 1981, 34, 376.

879   Manne, R., and T. Aberg, 1970, Chem. Phys. Lett. 7, 282.

880   Mansour, A. N.; Cook, J. W., Jr.; Sayers, D. E.; Emrich, R. J.; Katzer, J. R. J. Catal., 1984, 89, 462.

881   Mansour, A. N.; Sayers, D. E.; Cook, J. W., Jr.; Short, D. R.; Shannon, R. D.; Katzer, J. R. J. Phys. Chem., 1984, 88, 1778.

882   Maradudin, A. A., E. W. Montroll, G. H. Weiss, and I. P.

883   March, N. H. J. Phys. B, 1976, 9, L73.

884   Marcus, M. in "EXAFS Spectroscopy: Techniques and Applications", Teo, B. K., Joy, d. C., ed., Plenum, New York, 1981a, p.181.

885   Marcus, M. Solid State Commun., 1981b, 38, 251.

886   Marcus, M.; Powers, L. S.; Sorm, A. R.; Kincaid, B. M.; Chance, B. Rev. Sci. Instrum., 1980, 51, 1023.

887   Marcus, M.; Tsai, C. L., Solid State Commun., 1984, 52, 511.

888   Margaritondo, G.; Stoffel, N. G. Phys. Rev. Lett., 1979, 42, 1567.

889   Marquardt, D. W. J. Soc. Ind. Appl. Math., 1963, 11, 443.

890   Marques, E. C.; Sandstrom, D. R.; Lytle, F. W.; Greegor, R. B. J. Chem. Phys., 1982, 77, 1027.

891   Martens, G.; Rabe, P. in "Inn. − Shell X − Ray Phys. At. Solids", Fabian, D. J., Kleinpoppen, H., Watson, L. M., ed., Plenum, New York, 1981, p.683.

892   Martens, G.; Rabe, P. in J. Phys. C, 1980a, 13, L913.

893   Martens, G.; Rabe, P. J. Phys. C, 1981a, 14, 1523.

894   Martens, G.; Rabe, P. Phys. Status Solidi A, 1980b, 57, K31.

895   Martens, G.; Rabe, P. Phys. Status Solidi A, 1980c, 58, 415.

896   Martens, G.; Rabe, P.; Schwentner, N.; Werner, A. J. Phys. C, 1978a, 11, 3125.

897   Martens, G.; Rabe, P.; Schwentner, N.; Werner, A. Phys. Rev. B, 1978b, 17, 1481.

898   Martens, G.; Rabe, P.; Schwentner, N.; Werner, A. Phys. Rev. Lett., 1977, 39, 1411.

899   Martens, G.; Rabe, P.; Tolkiehn, G.; Wener, A. Phys. Status Solidi A, 1979, 55, 105.

900   Martin, R. L.; Davidson, E. R. Phys. Rev. A, 1977, 16, 1341.

901   Martin, R. M.; Boyce, J. B.; Allen, J. W.; Holtzberg, F. Phys. Rev. Lett., 1980, 44, 1275.

902   Massey, H. S. W.; Burhop, E. H. S. "Electronic and Ionic Impact Phenomena, Vol.1: Collision of Electrons with Atoms", end Ed., Oxford Univ. Press, New York, 1969.

903 Materlik, G., J. E. Moller, and J. W. Wilkins, 1983, Phys. Rev. Lett. 50, 267.

904 Mathey, Y.; Michalowicz, A.; Toffoli, P.; Vlaic, G. Inorg. Chem., 1984, 23, 897.

905 Matsushita, T.; Phizackerley, R. P. Jpn. J. Appl. Phys., 1981, 20, 2223.

906 Mattheiss, L. F., 1964, Phys. Rev. 133, A1399.

907 Mauer, M.; Friedt, J. M.; Krill, G. J. Phys. F, 1983, 13, 2389.

908 Mayhlotte, D. H.; Wong, J.; St. Peters, R. L.; Lytle, F. W.; Greegor, R. B. in "Proc. − Int. Kohlenwiss. tag", Springer Verlag, Heidelberg, 1981, p.756.

909 Maylotte, D. H.; Wong, J.; Peters, R. L. S.; Lytle, F. W.; Greegor, R. B. Science, 1981, 214, 554.

910 Mazid, M. a.; Razi, M. T.; Sadler, P. J.; Greaves, G. N.; Gurman, S. J.; Koch, M. H. J.; Philiips, J. C. J. Chem. Soc., Chem. Commun., 1980, 24, 1261.

911 McKale, A. G., G. S. Knapp, and S. − K. Chan, 1986, Phys. Rev. B, 33, 841.

912 McMaster, W. H.; Kerr Del Grande, N.; Mallet, J. H.; Hubell, J. H. "Compilation of X − ray Cross Sections", Lawrence Radiation Laboratory, 1969.

913 Mehta, M.; Fadley, C. S.; Bagus, P. S. Chem. Phys. Lett., 1976.

914 Meitzner, G.; Via, G. H.; Lytle, F. W.; Sinfelt, J. H. J. Chem. Phys., 1983a, 78, 882.

915 Meitzner, G.; Via, G. H.; Lytle, F. W.; Sinfelt, J. H. J. Chem. Phys., 1983b, 78, 2533.

916 Menzel, D. Top. Appl. Phys., 1975, 4, 101.

917 Messiah, A. "Quantum Mechanics", Vol.1, John Wiley, N.Y., 1970,

p.386.

918   Michalowicz, A.; Clement, R. Inorg. Chem., 1982, 21, 3872.

919   Michalowicz, A.; Girerd, J. J.; Goulon, J. Inorg. Chem., 1979, 18, 3004.

920   Michalowicz, A.; Huet, J.; Gaudemet, A. Nouv. J. Chim., 1982, 6. 79.

921   Michalowicz, A.; Vlaic, G.; Clement, R.; Mathey, Y. Springer Ser. Chem. Phys., 1983, 27, 222.

922   Mikkelsen, J. C., Jr.; Boyce, J. B. Phys. Rev. B, 1981, 24, 5999.

923   Mikkelsen, J. C., Jr.; Boyce, J. B. Phys. Rev. B, 1983, 28, 7130.

924   Mikkelsen, J. C., Jr.; Boyce, J. B. Phys. Rev. Lett., 1982, 49, 1412.

925   Mikkelsen, J. C., Jr.; Boyce, J. B.; Allen, R. Rev. Sci. Instrum, 1980, 51, 388.

926   Miller, R. M.; Hukins, D. W. L.; Hasnain, S. S.; Lagarde, P. Biochem. Biophys. Res. commun., 1981, 99, 102.

927   Mills, D. M.; Lewis, A.; Harootunian, A.; Huang, J.; Smith, B.. Science, 1984, 223, 811.

928   Mills, D.; Pollock, V. Rev. Sci. Instrum., 1980, 51, 1664.

929   Minault, J.; Fontaine, A.; Lagarde, P.; Raoux, D.; Sadoc, A.; Spanjaard, D. J. Phyhs. F, 1981, 11, 1311.

930   Minomura, S.; Tsuji, K.; Wakagi, M.; Ishidate, T.; Inoue, K.; Shibuya, M. J. Non−Cryst. Solids, 1983, 59−60, 541.

931   Mobilio, s.; Incoccia, L. Nuovo Cimento D, 1984, 3, 846.

932   Mobilio, s.; Incoccia, L. Springer Ser. Chem. Phys., 1983, 27, 87.

933   Modesti, S.; De Crescenzi, M.; Perfetti, P.; Quaresima, C. Rosei, R.; Saboia, A.; Sette, F. Springer Ser. Chem. Phys., 1983, 27, 394.

934   Moisy−Maurice, V. Report CEA−N−2171, Atomindex, 1981, 12, No.581039.

935   Moller, J. E., and W. L. Schaich, 1983, Phys. Rev. B, 27, 6489.

936 Montano, P. A.; SChulze, W.; tesche, B.; SChenoy, g. K.; Morrison, T. I. Phys. Rev. B, 1984, 30, 672.

937 Montano, P. A.; Shenoy, G. K. Solid State Commun., 1980, 35, 53.

938 Moore, C. E. "Atomic Energy Level", Nat. Bur Stand.(U.S.), Cir. 467, 1952, Vol. Ⅱ.

939 Morante, S.; Cerdonio, M.; Vitale, S.; Congiu−Castellano, A.; Vaciago, A.; Giacometti, G. M.; Incoccia, L. Springer Ser. Chem. Phys., 1983, 27, 352.

940 Moraweck, B.; Renouprez, A. J. Surf. Sci., 1981, 106, 35.

941 Morawitz, H.; Bagus, P.; Clarke, T.; Gill, W.; Grant, P.; Street, G. B.; Sayers, D. Synth. Met., 1980, 1. 267.

942 Morrison, T. I,; Reis, A. H., Jr.; Knapp, G. S.; Fradin, F. Y.; Chen, H.; Klippert, T. E. J. Am. Chem. Soc., 1978, 100, 3262.

943 Morrison, T. I.; Shenoy, G. K.; Iton, L. E.; Stucky, G. D.; Suib, S. L. J. Chem. Phys., 1982, 76, 5665.

944 Morrison, T. I.; Shenoy, G. K.; Niarchos, D. J. Appl. Crystallogr., 1982, 15, 388.

945 Morrison, T. I.; Shenoy, G. K.; Nielsen, L. Inorg. Chem., 1981, 20, 3565.

946 Motta, N.; DeCrescenzi, M.; Ba;zarotti, A. Phys. Rev. B, 1983, 27, 4712.

947 Motta, N.; DeCrescenzi, M.; Balzarotti, A. Springer Ser. Chem. Phys., 1983, 27, 103.

948 Mueller, J. E.; Jepsen O.; Wilkins, J. W. Solid State Commun., 1982, 42, 365.

949 Muench, R.; Hochheimer, H. D.; Werner, A.; Maerlik, G.; Jayaraman, A.; Rao, K. V. Phys. Rav. Lett., 1983, 50, 1619.

950 Munoz, M. C.; Durham, P. J.; Gyorffy, B. L. J. Phys. F., 1982, 12,

1497.

951   Muragesan, T.; Sarode, P. R.; Gopalakrishnan, J.; Rao, C. N. R. J. chem. soc., Dalton Trans., 1980, 5, 837.

952   Muramatsu, S. Sugiura, C. J. Chem. Phys., 1982, 76, 2107.

953   Muranaka, T.; Kiyono, S.; Watanabe, T. Jpn, J. Appl. Phys., 1981, 20, 1939.

954   Murata, T.; Lagarde, P.; Fontaine, A.; Raoux, M. Springer Ser, Chem. Phys., 1983, 27, 271.

955   Mustre de Leon, J., 1989, Ph. D. thesis(University of Washington).

956   Mustre de Leon, J., J. J. Rehr, S. I. Zabinsky, and R. C. Albers, 1991, Phys. Rev. B.44, 4146.

957   Mustre, J., Y. Yacoby, E. A. Stern, and J. J. Rehr, 1990, Phys. Rev. B, 42, 10843.

958   Nagarajan, R.; Sampathkumaran, E. V.; Gupta, L. C.; Vijayaraghavan, R.; Bhaktdarshanl Padalia, B. D. Phys. Lett. A, 1981, 81, 397.

959   Nagarajan, R.; Sampathkumaran, E. V.; Gupta, L. C.; Vijayaraghavan, R.; Prabhawalkar, V.; Bhaktdarshanl Padalia, B. D. Phys. Lett. A, 1981, 84, 275.

960   Namikawa, K.; Hosoya, S. Jpn. J. Appl. Phys., Part 2, 1982, 21, 687.

961   Natoli, C. R, and M. Benfatto, 1986, J. Phys. Colloq. 47, C−8, 11.

962   Natoli, C. R, M. Benfatto, C. Brouder, M. F. Ruiz−Lopez, and D. L. Foulis, 1990, Phys. Rev. B, 42, 1944.

963   Natoli, C. R. Springer Ser. Chem. Phys., 1983, 27, 43.

964   Natoli, C. R., M. Benfatto, and S. Doniach, 1986, Phys. Rev. A, 34, 4682.

965   Natoli, C. R.; Misemer, D. K; Doniach, S.; Kutzler, F. W. Phys. Rev. A, 1980, 22, 1104.

966 Nemanich, R. J.; Connell, G. A. N.; Hayes, T. M.; Street, R. A. Phys. Rev. B, 1978, 18, 6900.

967 Newville, M., B. Ravel, D. Haskel, E. A Stern, and Y. Yacoby, 1995, Physica B, 208&209, 154.

968 Nigam, A. N.; Kumar, A.; Srivastava, T. S.; Agarwala, U. C. Indian J. Phys. A, 1978, 52, 255.

969 Nigam, H. L. Proc. Indian Sci. Congr. 68th, 1981, No.IV.

970 Ninomiya, K.; Ishiguro, E.; Iwata, S.; Mikuni, A.; Sasaki, T. J. Phys. B, 1981, 14, 1777.

971 Noguera, C.; Spanjaard, D. J. Phys. F, 1981a, 11, 1133.

972 Noguera, C.; Spanjaard, D. Surf. SCi., 1981b, 108, 381.

973 Nomura, M.; Asakura, K.; Kaminaga, U.; Matsushita, T.; Kohra, K.; Kuroda, H. Bull. Chem. Soc. Jpn., 1982, 55, 3911.

974 Noorman, P. E.; Schrijver, J. Physica, 1967, 36, 547.

975 Norman, D. AIP Conf. Proc., 1982, 94, 745.

976 Norman, D. Daresbury Lab. Rep. DL/SCI/R17, 1981, 28.

977 Norman, D.; Brennan, S.; Jaeger, R.; Stöhr, J. Surf. Sci., 1981, 105, L297.

978 Norman, D.; Durham, P. J. Proc, SPIE − Int. Soc. Opt. Eng., 1984, 447, 102.

979 Norman, D.; Durham, P. J.; Pendry, J. B.; Stöhr, J.; Jaeger, R. Springer Ser. Chem. Phys., 1983, 27, 146.

980 Norman, D.; Stöhr, J.; Jaeger, R.; Durham, P. J.; Pendry, J. B. Phys. Rev. Lett., 1983, 51, 2052.

981 Norman, J. G., 1974, J. Chern. Phys. 61, 4630.

982 Norman, J. G., 1976, Mol. Phys. 31, 1191.

983 Nozawa, R, 1966, J. Math. Phys. Rev. B, 35, 482.

984 Nukui, A.; Chiba, T. Seramikkusu, 1979, 14, 609.

985   Ohno, Y.; HIrama, K.; Nakai, S.; Sugiura, C.; Okada, S. J. Phys. C, 1983, 16, 6695.

986   Ohno, Y.; Watanabe, H.; Kawata, A.; Nakai, S.; Sugiura, C. Phys. Rev. B, 1982, 25, 815.

987   Ohno, Y.; Hirama, K.; Nakai, S.; Sugiura, C.; Okada, S. Phys. Rev. B, 1983, 27, 3811.

988   Ohno, Y.; Hirama, K.; Nakai, S.; Sugiura, C.; Okada, S. Synth. Meet., 1983, 6, 149.

989   Ohno, Y.; Kaneda, K.; Okada, S.; Hirama, K. J. Solid State Chem., 1984, 54, 170.

990   Ohta, T. Nippon Kinzoku Gakkai Kaiho, 1981, 20, 570.

991   Oikawa, T.; Hosoi, J.; Inoue, M.; Harada, Y. JEOL News(Ser.), Electron Opt. Instrum. E, 1982, 20, 8.

992   Okada, M. Shokuhin no Bussei 1980, 6, 131.

993   Okada, M.; Seidanbu, S. New Food Ind., 1980, 22, 47.

994   Okamoto, T.; Fukushima, Y. J. Non − Cryst. Solds, 1984, 61 − 62, 379.

995   Olson, C. G.; Lynch, D. W. Solid State Commun., 1980, 22, 47.

996   Ovsyannikova, I. A.; Batsanov, S. S.; Nasonova, L. L.; Batsanova, L. R.; Nekrasova, E. A. Bull. Acad. Sci. USSR. Phys. Ser., 1967, 31, 936.

997   Oyanagi, H.; Matsushita, T.; Ito, M.; Kuroda, H. Natl. Lab. High Energy Phys., KEK, 1984, 83, 27.

998   Oyanagi, H.; Tanaka, K.; Hosoya, S.; Minomura, S. J. Phys., Colloq., 1981, C4, 221.

999   Oyanagi, H.; Tsuji, K.; Hosoya, S.; Minomura, S.; Fukamachi, T. J. Non − Cryst. Solids, 1980, 35, 555.

1000   Padalia, B. D.; Hatwar, T. K.; Ghatikar, M. N. J. Phys. C., 1983, 16, 1537.

1001   Padalia, B. D.; Koul, P. N.; Ghatikar, M. N. Proc. Nucl. Phys.

Solid State Phys. Symp., 1983, 23, 79.

1002 Pan, H. K.; Knapp, G. S.; Cooper, S. L. Colloid Polym. Sci., 1984, 262, 734.

1003 Pan, H. K.; Yarusso, D. J.; Knapp, G. S.; Cooper, S. L. J. Polym. Sci., Polym. Phys. Ed., 1983, 21, 1389.

1004 Pan, H. K.; Yarusso, D. J.; Knapp, G. S.; Cooper, S. L. Proc. – Electrochem. Soc., 1983, 83 – 3, 15.

1005 Pan, H. K.; Yarusso, D. J.; Knapp, G. S.; Pineri, M.; Meagher, A.; Coey, J. M. D.; Cooper, S. L. J. Chem. Phys., 1983, 79, 4736.

1006 Pande, C. S.; Viswanathan, R. Solid State Commun., 1978, 26, 893.

1007 Pantos, E. Nucl. Instrum. Methods Phys. Res., 1983, 208, 449.

1008 Pantos, E.; Firth, D. Springer Ser. Chem. Phys., 1983, 27, 110.

1009 Pardee, W. J.; Robertson, W. M.; James, M. R. Scr. Metall., 1980, 14, 1333.

1010 Parham, T. G.; Mcrrill, R. P. J. Catal., 1984, 85, 295.

1011 Park, J. W.; Chen, H. Phys. Chem. Glasses, 1982, 23, 107.

1012 Park, R. L. Appl. Surf. Sci., 1980, 4, 250.

1013 Park, R. L. Appl. Surf. Sci., 1982, 13, 231.

1014 Park, R. L.; Houston, J. E. J. Vac. Sci. Technol., 1974, 11, 1.

1015 Parratt, L.(1959) Rev. Mod. Phys. 31, 616 – 645.

1016 Parratt, L. and Jossem, L.(1955) Phys. Rev. 97, 916 – 926.

1017 Parthasarathy, R.; Prasad, R. V.; Sarode, P. R.; Rao, K. J. Proc. Indian Acad. Sci., Chem. Sci., 1982, 91, 201.

1018 Parthasarathy, R.; RAo, K. J.; Rao, C. N. R. J. Phys. C, 1982, 15, 3649.

1019 Parthasarathy, R.; Sarode, P. R.; Rao, K. J. J. Mater. Sci., 1981, 16, 3222.

1020 Parthasarathy, R.; Sarode, P. R.; Rao, K. J.; Rao, C. N. R. Proc.

Indian Natl. Sci. Acad. A, 1982, 48, 119.

1021 Pascal, J. L.; Potier, J.; Jones, D. J.; Roziere, J.; Michalowicz, A. Inorg. Chem., 1984, 23, 2068.

1022 Paschina, G.; Piccaluga, G.; Pinna, G.; Magini, M. Chem. Phys. Lett., 1983, 98, 157.

1023 Pauling, P. "The Nature of the Chemical Bond", 3rd edition, Cornell University Press, Ithaca, New York, 1960, p.98.

1024 Pavlychev, A. A.; Vinogradov, A. S.; Zimkina, T. M.; Onopko, D. E.; Titov, S. A. Opt. Spektrosk., 1982, 52, 506.

1025 Peisach, J.; Powers, L.; Blumberg, W. E.; Chance, B. Biophys. J., 1982, 38, 277.

1026 Pendry, J. B. Daresbury Lab. Rep. DL/SCI/R17, 1981, 5.

1027 Pendry, J. B. Springer Ser. Chem. Phys., 1983, 27, 4.

1028 Pendry, J. B.; Gurman, S. J. in "The Structure of Non − Crystalline Materials", P. H. Gaskell; Davis, E. A., ed., Taylor and Francis, London, 1977, p.61.

1029 Pener − Hahn, J. E.; McMurry, T. J.; Renner, M.; Latos − Grazynsky. L.; Eble, K. S.; Davis, E. M.; Balch, A. L.; groves, J. T.; Dawson, J. H.; Hodgson, K. O. J. Biol. Chem., 1983, 258, 12761.

1030 Penn, D. R. Phys. Rev. B, 1976, 13, 5248.

1031 Penner − Hahn, J. E. Report SSRL − 84/03, Order No.DE84011318; NTIS: Energy Res. Abstr., 1984, 9, No.19347.

1032 Perutz, M. F.; Hasnain, S. S.; Duke, P. J.; Sessler, J. L.; Hahn, J. E. Nature(London), 1982, 295, 535.

1033 Petiau, J.; Calas, G. J. Phys., Colloq., 1982, C9, 47.

1034 Petiau, J.; Calas, G. Springer Ser. Chem. Phys., 1983, 27, 144.

1035 Petiau, J.; Calas, G.; Bondot, P.; Lapeyre, C.; Levitz, P.; Loupias, G. Daresbury Lab. Rep. DL/SCI/R17, 1981, 127.

1036   Pettifer, P. F. Daresbury Lab. Rep. DL/SCI/R17, 1981a, 57.

1037   Pettifer, P. F. in "Charact. Catal", Thomas, J. M.; Lambert, R. M., ed., Wiley, chichester, U. K., 1980, p.264.

1038   Pettifer, P. F. in "In. − Shell X − Ray Phys. At. Solids", fabian, D. J., Kleinpoppen, H., Watson, L. M., ed., Plenum, N. Y., 1981b, p.653.

1039   Pettifer, P. F.; Cox, A. D. Springer Ser. Chem. Phys., 1983, 27, 66.

1040   Pettifer, P. F.; McMillan, P. W. Phil. Mag., 1977, 35, 871.

1041   Pettifer, P. F.; McMillan, P. W.; Gurman, S. J. in "Struct. Non − Cryst. Mater", Gaskell, P. H.; Davis, E. A., ed., 1977, p.63.

1042   Pettifer, R. F. in "Trends Phys", Woolfson, M. M., ed., Adam Hilger, Bristol, England, 1979, p.522.

1043   Peuckert, M.; Keim, W.; Storp, S.; Weber, R. S. J. Mol. Catal., 1983, 20, 115.

1044   Phillips, J. C. J. Phys. E, 1981, 14, 1425.

1045   Phillips, J. C.; Bordas, J.; Footc, Λ. M.; Koch, M. H. J.; Moody, M. F. Biochemistry, 1982, 21, 830.

1046   Piacentini, M. Springer Ser. Chem. Phyhs., 1983, 27, 193.

1047   Pilar, F. L. "Elementary Quantum Chemistry", McGraw − Hill, New York, 1968; pp.163, 318.

1048   Platzman, P. M.; Wolff, P. A. "Waves and Interactions in Solid State Plasmas", Academic, New York, 1973.

1049   Poiarkova, A. V., and J. J. Rehr, 1999, Phys. Rev. B, 59, 948.

1050   Poncet, J. L.; Grilard, R.; Friant, P.; Goulon, J. Polyhedron, 1983, 2, 417.

1051   Powell, C. J. Surface Sci., 1974, 44, 29.

1052   Powell, C. J., 1974, Surf. Sci 44, 29.

1053   Powers, L. Biochim. Biophys. Acta, 1982, 683, 1.

1054   Powers, L.; Blumberg, W. E.; Chance, B.; Barlow, C. H.; Leigh, J.

S., Jr.; Smith, J.; Wonetani, T.; Vik, S.; Peisach, J. in "Cytochrome Oxidase", King, T. E., ed., Elsevier/North − Holland Biomedical Press, 1979, p.189.

1055   Powers, L.; Blumberg, W. E.; Chance, B.; Barlow, C. H.; Leigh, J. S., Jr.; Smith, J,; Wonetani, T.; Vik, S.; Peisach, J. in "Frontiers of Biological Energetics", Vol.2, Button, P. L.; Leigh, J. S.; Scarpa, A., ed., Academic Press, Inc., 1978, p.863.

1056   Powers, L.; Blumberg, W. E.; Chance, B.; Barlow, C. H.; Leigh, J. S., Jr.; Smith, J.; Yonetani, T.; Vik, S.; Peisach, J. Biochim. Biophys. Acta, 1979, 546, 520.

1057   Powers, L.; Chance, B.; Ching, Y.; Angiobillo, P. Biophys. J., 1981, 34, 465.

1058   Powers, L.; Chance, B.; Ching, Y.; Muhoberac, B.; Weintaaub, S. T.; Wharton, D. C. FEBS Lett., 1982, 138, 245.

1059   Powers, L.; Eisenberger, P.; Stamatoff, J. Ann. N. Y. Acad. Sci., 1978, 307, 113.

1060   Powers, L.; Sessler, J. L.; Woolery, G. L.; Chance, B.; Biochemistry, 1984, 23, 5519.

1061   Prabhawalkar, V.; Padalia, B. D. Curr. Sci., 1983, 52, 799.

1062   Prabhawalkar, V.; Padalia, B. D. Phys, Status Solidi B, 1982, 110, 659.

1063   Prasad, J.; Krishna, V.; Nigam, H. L. J. Chem. Soc., Dalton Trans., 1976, 23, 241.

1064   Prasad, J.; NIgam, H. L.; Agarwala, U. J. Phys. C, 1976, 9, 4349.

1065   Prasad, S. K.; Singhal, S. P.; Herman, H.; Del Cueto, J. A.; Shevchik, N. J. Scr. Metall., 1979, 13, 549.

1066   Prins, J.(1934) Nature 133, 795 − 796.

1067   Purdum, H.; Montano, P. A.; Shenoy, G. K.; Morrison, T. Phys. Rev. B, 1982, 25, 4412.

1068   Puschmann, A.; Haase, J. Surf. Sci., 1984, 144, 559.

1069   Quinn, J. J., 1962, Phys. Rev. 126, 1453.

1070   Rabe, P. daresbury Lab. Rep. DL/SCI/R17, 1981, 76.

1071   Rabe, P. Springer Ser. Chem. Phys., 1983, 27, 73.

1072   Rabe, P.; Haensel, R. Festkoerperprobleme, 1980, 20, 43.

1073   Rabe, P.; Tolkiehn, G.; Werner, A. J. Phys. C, 1979a, 12, L545.

1074   Rabe, P.; Tolkiehn, G.; Werner, A. J. Phys. C, 1979b, 12, 899.

1075   Rabe, P.; Tolkiehn, G.; Werner, A. J. Phys. C, 1979c, 12, 1173.

1076   Rabe, P.; Tolkiehn, G.; Werner, A. J. Phys. C, 1980a, 13, 1857.

1077   Rabe, P.; Tolkiehn, G.; Werner, A. Nucl. Instrum. Methods, 1980b,
        171, 329.

1078   Rabe, P.; Tolkiehn, G.; Werner, A.; Haensel, R. Z. Naturforsch. A,
        1979, 34, 1528.

1079   Ramaker, D. E., and W. E. O' Grady, 1999, J. Synchrotron Radiat
        6, 800.

1080   Rao, B. J.; Chetal, A. R. J. Phys. C, 1982, 15, 6281.

1081   Rao, B. J.; Chetal, A. R. J. Phys. D, 1982, 15, L195.

1082   Rao, C. N. R.; Sarode, P. R.; Parthasarathy, R.; Rao, K. J. Philos.
        Mag. B, 1980, 41, 581.

1083   Rao, K. J.; Wong, J.; Rao, B. G. Phys. Chem. Glasses, 1984, 25, 57.

1084   Rao, K. J.; Wong, J.; Weber, M. J. J. Chem. Phys., 1983, 78, 6228.

1085   Rao, Y. L.; Chourasia, A. R.; Mande, C. J. Non－Cryst. Solds,
        1981, 46, 13.

1086   Raoux, D,; Sadoc, J. F.; Lagarde, P.; Fontaine, A. Daresbury Lab.
        Rep. DL/SCI/R17, 1981, 124.

1087   Raoux, D.; Flank, A. M.; Sadoc, A. Springer Ser. Chem. Phys.,
        1983, 27, 232.

1088   Raoux, D.; Fontaine, A.; Lagarde, P.; Sadoc, A. Phys. Rev. B, 1981,

24, 5547.

1089   Raoux, D.; Sadoc, A.; Lagarde, P.; Sadoc, A.; Fontaine, A. J. Phys.l Colloq., 1980, C8, 207.

1090   Raoux, D; petiau, J.; Bondot, P.; Calas, G.; Fontaine, A.; Lagarde, P.; Lebitz, P.; Loupias, G.; Sadoc, A. Rev. Phys. Appl., 1980, 15, 1079.

1091   Ravot, D.; Godart, C.; Achard, J. C.; Lagarde, P. in "Valence Fluctuations Solids", St. Bardara Inst. Theor. Phys. Conf., Falicov, L. M., Hanke, W., Maple, M. B., ed., 1981, p.423.

1092   Reed, J.; Eisenberger, P. J. Chem. Soc., Chem. Commun., 1977, 628.

1093   Reed, J.; Eisenberger, P.; Hastings, J. Inorg. Chem., 1978, 17, 481.

1094   Reed, J.; Eisenberger, P.; Teo, B. K.; Kincaid, B. M. J. Am. Chem. Soc., 1977, 99, 5257.

1095   Reed, J.; Eisenberger, P.; Teo, B. K.; Kincaid, B. M. J. Am. Chem. Soc., 1978, 100, 2375.

1096   Rehn, V. Nav. Res. Rev., 1983, 35, 36.

1097   Rehr, J. J., 1994, in X−ray Absorption in Bulk and Surfaces(World Scientific, Singapore), p.3.

1098   Rehr, J. J., and R. C. Albers, 1990, Phys. Rev. B, 41, 8139.

1099   Rehr, J. J., C. H. Booth, F. Bridges, and S. I. Zabinsky, 1994, Phys. Rev. B, 49, 12347.

1100   Rehr, J. J., E. A. Stern, R. L. Martin, and E. R. Davidson, 1978, Phys. Rev. B, 17, 560.

1101   Rehr, J. J., J. Mustre de Leon, S. I. Zabinsky, and R. C. Albers, 1991, J. Am. Chem. Soc. 113, 5135.

1102   Rehr, J. J., R. C. Albers, and S. I. Zabinsky, 1992, Phys. Rev. Lett. 69, 3397.

1103   Rehr, J. J., R. C. Albers, C. R. Natoli, and E. A. Stern, 1986,

Phys. Rev. B, 34, 4350.

1104 Rehr, J. J., S. I. Zabinsky, A. Ankudinov, and R. C. Albers, 1995, Physica B, 208&209, 23.

1105 Rehr, J. J.; Chou, S. H. Springer Ser. Chem. Phys., 1983, 27, 22.

1106 Rehr, J. J.; Stern, E. A. Phys. Rev. B, 1976, 14, 4413.

1107 Rehr, J. J.; Albers, R. C.(2000), Rev. Mod. Phys. 72(3) 621 − 654.

1108 Rennert, P.; Vasvari, B. J. Phys. F, 1983, 13, 89.

1109 Renouprez, A.; Fouilloux, P.; Moraweck, B. Stud. Surf. SCi. Catal., 1980, 421.

1110 Rez, P., J. M. MacLaren, and D. K. Saldin, 1998, Phys. Rev. B, 57, 2621.

1111 Richard, P.; Poncet, J. L.; Barbe, J. M.; Guilard, R.; Goulon, J.; Rinaldi, D; Cartier, A.; Tola, P. J. Chem. Soc., Dalton Trans., 1982, 8, 1451.

1112 Ritsko, J. I.; Schnatterly, S. E.; Gibbons, P. G. Phys. Rev. Lett., 1974, 32, 671.

1113 Robertson, A. S. Lawrence Berkeley Lab. Report LbL − 9840, Energy Res. Abstr., 1980, 5, No.3427.

1114 Roe, A. L.; Schneider, D. J.; Mayer, R. J.; Pyrz, J. W.; Widom, J.; Que, L., Jr. J. Am. Chem. Soc., 1984, 106, 1676.

1115 Röhler, J.; Kappler, J. P.; Krill, G. Nucl. Instrum. Methods Phys. Res., 1983, 208, 647.

1116 Röhler, J.; Krill, G.; Kappler, J. P.; Ravet, M. F. Springer Ser. Chem. Phys., 1983, 27, 213.

1117 Rosch, N., W. C. Klemperer, and K. H. Johnson, 1973, Chem. Phys. Lett. 23, 149.

1118 Rose, M. E., 1961, Relativistic Electron Theory(Wiley, New York).

1119 Rosenberg, R. A.; Laroe, P. R.; Rehn, V.; Stöhr, J.; Jaeger R.;

Parks, C. C.; Phys. Rev. B, 1983, 27, 213.

1120 Ross, I.; Binstead, N.; Blackburn, N. J.; Bremner, I.; Diakun, G. P.; Hasnain, S. S.; Knowles, P. F.; Vasak, M.; Garner, C. D. Springer Ser. Chem. Phys., 1983, 27, 337.

1121 Rothberg, G. M.; Choudhary, K. M.; Den Boer, M. L.; Willliams. G. P.; Hecht, M. H.; Lindau, I. Phys. Rev. Lett., 1984, 53, 1183.

1122 Roy, M., and S. J. Gurman, 1999, J. Synchrotron Radiat. 6, 228.

1123 Sadoc, A. J. Non − Cryst. Solids, 1984, 61 − 62, 403.

1124 Sadoc, A.; Calvayrac, Y.; Quivy, A.; Harmelin, M.; Flank, A. M. J. Non − Cryst. Solids, 1984, 65, 109.

1125 Sadoc, A.; Fontaine, A.; Lagarde, P.; Raoux, D. J. Am. Chem. Soc., 1981, 103, 6287.

1126 Sadoc, A.; Raoux, D.; Lagarde, P.; Fontaine, A. J. Non − Cryst. Solids, 1982, 50, 331.

1127 Sadoc., A.; Flank, A. M.; Raoux, D.; Lagarde, P. J. Phys., colloq., 1982, C9, 43.

1128 Sahasrabudhe, V. Solid State Commun., 1983, 46, 697.

1129 Sahasrabudhe, V.; Vaingankar, A. S. Solid State Commun., 1982, 43, 229.

1130 Sakka, S.; Kamiya, K.; Hayashi, M. Bull. Inst. Chem. Res., 1981, 59, 172.

1131 Salem, S. I.; Chang, C. N.; Lee, P. L.; Severson, V. J. Phys. C, 1978, 11, 4085.

1132 Salem, S. I.; Chang, C. N.; Nash, T. J. Phys. Rev. B, 1978, 18, 5168.

1133 Salem, S. I.; Kumar, A.; Schiessel, K. G.; Lee, P. L. Phys. Rev. A, 1982, 26, 3334.

1134 Sampathkumaran, E. V.; Gupta, L. C.; Vijayaraghavan, R.; Hatwar,

T. K.; Ghatikar, M. N.; Padalia, B. D. Mater. Res. Bull., 1980, 15, 939.

1135   Sandstrom, D. R. J. Chem. Phys., 1979, 71, 2381.

1136   Sandstrom, D. R. Nuovo Cimento D, 1984, 3, 825.

1137   Sandstrom, D. R.; Dodgen, H. W.; Lytle, F. W. J. Chem. Phys., 1977, 67, 473.

1138   Sandstrom, D. R.; Filby, R.; Lytle, F. W.; Greegor, R. B. in Fuel, 1982, 61, p.195.

1139   Sandstrom, D. R.; Lytle, F. W. Ann. Rev. Phys. Chem., 1979, 30, 215.

1140   Sandstrom, D. R.; Lytle, F. W.; Wei, P. S. P.; Greegor, R. B.; Wong, J.; Schultz, P. J. Non − Cryst. Solids, 1980, 41, 201.

1141   Sandstrom, D. R.; Stults, B. R.; Greegor, R. B. in "EXAFS Spectroscopy: Techniques and Applications", Teo, B. K., Joy, D. C., ed., Plenum, New York, 1981, p.139.

1142   Sankar, g.; Sarode, P. R.; Srinivasan, A.; Rao, C. N. R.; Vasudevan, S.; Thomas, J. M. Proc. Indian Acad. Sci., 1984, 93, 321.

1143   Sano, M.; Maruo, T.; Masuda, Y.; Yamatera, H. Inorg. Chem., 1984, 23, 4466.

1144   Sano, M.; Maruo, T.; Yamatera, H. Bull. Chem. Soc. Jpn., 1984, 57, 2757. 1014. Sarode, P. R.; Rao, K. J.; Hegde, M. S.; Rao, C. N. R. J. Phys. C. 1979, 12, 4119.

1145   Sano, M.; Maruo, T.; Yamatera, H. Chem. Phys. Lett., 1983, 101, 211.

1146   Sano, Mitsuru; Maruo, T.; Yamatera, H. Bull. Chem. Soc. Jpn., 1983, 56, 3287. Sano, M.; Taniguchi, K.; Yamatera, H. Chem. Lett., 1980, 10, 1285.

1147   Sarode, P. R.; Sankar, G.; Rao, C. N. R. Proc. − Indian Acad. Sci., 1983, 92, 527.

1148   Sarode, P. R.; Sarma, D. D.; Rao, C. N. R.; Sampathkumaran, E. V.; Gupta, L. C.; Vijayaraghavan, R. Mater. Res. Bull., 1981, 16, 175.

1149 Sato, Y.; Iwasawa, Y.; Kuroda, H. Chem. Lett., 1982, 7, 1101.

1150 Satpathy, S.; Dow, J. D.; Bowen, M. A. Phys. Rev. B, 1983, 28, 4255.

1151 Sawada, M., Tsutsumi, K., Shiraiwa, T. and Obashi, M.(1955) J. Phys. Soc. Jpn. 10, 464 − 468.

1152 Sawada, M., Tsutsumi, K., Shiraiwa, T. and Obashi, M.(1959) Annual Rep. Sci. Works Osaka Univ. 7, 1 − 87.

1153 Saxena, K. N.; Saxena, C. P.; C. P. Anikhindi, P. G.; Kaveeshwar, A. S. Phys. Lett. A, 1980, 78, 325.

1154 Saxena, S. G.; Chauhan, H. S.; Chandra, S.; Garg, K. B. Springer Ser. Chem. Phys., 1983, 27, 171.

1155 Saxena, S. G.; Garg, K. B. Proc. Nucl. Phyhs. Solid State Phyhs. Symp. C, 1982, 24, 147.

1156 Sayers, D.(1971) "A New Technique To Determine Amorphous Structure Using Extended X − ray Absorption Fine Structure", BSRL Doc. D180 − 14436 − 1. Submitted to the University of Washington in partial fulfillment of a Doctor of Philosophy degree.

1157 Sayers, D. E. in "Amorphous Liq. Semicond", Spear, W. E., ed., Univ. Edinburgh, Edinburg, Scotland, 1977. p.61.

1158 Sayers, D. E., E. A. Stern, and F. W. Lytle, 1971, Phys. Rev. Lett. 27, 1204.

1159 Sayers, D. E.; Heald, S. M.; Pick, M. A.; Budnick, J. I.; Stern, E. A.; Wong, J. Nucl. instrum. Methods Phys. Res., 1983. 208, 631.

1160 Sayers, D. E.; Lytle, F. W.; Stern, E. A. Adv, X − Ray Anal., 1970, 13. 248.

1161 Sayers, D. E.; Stern, E. A.; Herriott, J. R. J. Chem. Phys., 1976. 64, 427.

1162 Sayers, D. E.; Stern, E. A.; Lytle, F. W. Phys. Rev. Lett., 1971, 27,

1204.

1163   Sayers, D. E.; Stern, E. A.; Lytle, F. W. Program Ext. Abstr. − Int. Conf. Phys. X − Ray Spectra, 1976, 84.

1164   Sayers, D. E.; Theil, E. C.; Rennick, F. J. J. Biol. Chem., 1983, 258, 14076.

1165   Sayers, D., Lytle, F. and Stern E.(1969) "Point Scattering Theory of K X − ray Absorption Fine Structure", BSRL Doc. D1 − 82 − 0880.

1166   Sayers, D., Lytle, F. and Stern E.(1970) Adv. X − ray Anal. 13, 248 − 271.

1167   Sayers, D., Lytle, F. and Stern E.(1971a). Bull. APS 16, 302.

1168   Sayers, D., Lytle, F. and Stern, E.(1972). J. Non − Cryst. Solids 8 − 10, 401 − 407.

1169   Sayers, D., Lytle, F. and Stern, E.(1974). In Amorphous and Liquid Semiconductors, Struke, J. and Bremy, W., Editors, London: Taylor and Francis, 103 − 112.

1170   Sayers, D., Lytle, F., Weissbluth, M. and Pianetta, P.(1975) J. Chem. Phys. 62 2514 − 2515.

1171   Sayers, D., Stern, E. and Lytle, F.(1971b) Phys. Rev. Lett. 27, 1204.

1172   Schaich, W. L. Phys. Rev. B, 1976, 14, 4420.

1173   Schaich, W. L., 1973, Phys. Rev. B, 8, 4028.

1174   Schaich, W. Phys. Rev. B, 1973, 8, 4078.

1175   Schiraiwa, T.; Ishimura, T.; Sawada, M. J. phys. Soc. Jpn., 1958, 138, 848.

1176   Schmueckle, F.; Lamparter, P.; Steeb, S. Z. Naturforsch., A, 1982, 37, 572.

1177   Schneider, D. J.; Roe, A. L.; Mayer, R. J.; Que, L., Jr. J. Biol. Chem., 1984, 259, 9699.

1178   Scott, R. A. NATO Adv. Study. Inst. Ser. C, 1982, 89, 475.

1179 Scott, R. A.; Hahn, J. E.; doniach, S.; Freeman, H. C.; Hodgson, K. O. J. Am. Chem. Soc., 1982, 104, 5364.

1180 Scott, R. A.; Wallin, S. A.; Czechowski, M.; Der Vartanian, D. V.; LeGall, J.; Peck, H. D., Jr.; Moura, I. J. Am Chem. Soc., 1984, 106, 6864.

1181 Seah, M. P., and W. A. Dench, 1979, Surf. Interface Anal. 1, 2.

1182 Seah, M. P.; Dench, W. A. Surf. Inter. Anal., 1979, 1, 2.

1183 Sebilleau, D., 1995, J. Phys.: Condens. Matter 7, 6211.

1184 Sevier, K. D., 1972, Low Energy Electron Spectrometry(Wiley, New York), Chap. 8.

1185 Sevillano, E., H. Meuth, and J. J. Rehr, 1979, Phys. Rev. B, 20, 4908.

1186 Sevillano, E.; Meuth, H.; Rehr, J. J. Phys. Rev. B. 1979. 20. 4908.

1187 Sevillano, E.; Meuth, H.; Rehr, J. J. Phys. Rev. B. 1979. 20. 4908.

1188 Sham, L. J., and W. Kohn, 1966, Phys. Rev. 145, 561.

1189 Sham, T. K. Springer Ser. Chem. Phys., 1983, 27, 165.

1190 Sham, T. K.; Brunschwig, B. S. J. Am. Chem. Soc., 1981, 103, 1590.

1191 Sham, T. K.; Brunschwig, B. S. Springer Ser. Chem. Phys., 1983, 27, 168.

1192 Sham, T. K.; Hastings, J. B.; Perlman, M. L. Chem. Phys. Lett., 1981, 83, 391.

1193 Sham, T. K.; Hastings, J. B.; Perlman, M. L. J. Am. Chem. Soc.

1194 Sham, T. K.; Holroyd, R. A. J. Chem. Phys., 1984, 80, 1026.

1195 Sharma, B. K.; Chandra, S.; Garg, K. B. Proc. Nucl. Phys. Solid State Phys. Symp., 1983, 23, 67.

1196 Shaw, C. F., III; Schaeffer, N. A.; Elder, R. C.; Eidsness, M. K.; Trooster, J. M.; Calis, G. H. M. J. Am. Chem. Soc., 198, 106, 3511.

1197   Shevchik, N. J.; Fischer, D. A. Rev. Sci. Instrum., 1979, 50, 577.

1198   Shimomura, O.; Kawamura, T.; Fukamachi, T.; Hosoya, S.; Hunter, S.; Bienestock, A. in "High Pressure Sci. Technol", 7th Proc. Int. AIRAPT Conf., Vodar, B., Marteau, P., ed., 1980, 1, p.534.

1199   Shmidt, V. V., 1961, Bull. Acad. Sci. USSR, Phys. Ser. 25, 998.

1200   Shmidt, V. V., 1963, Bull. Acad. Sci. USSR, Phys. Ser. 27, 392.

1201   Shore, B. W.; Menzel, D. H. "Principles of Atomic Spectra", John Wiley & Sons, New York, 1968.

1202   Short, D. R.; Khalid, S. M.; Katzer, J. R.; Kelley, M. J. J. Catal., 1981, 72, 288.

1203   Short, D. R.; Mansour, A. N.; Cook, J. W., Jr.; Sayers, D. E.; Katzer, J. R. J. Catal., 1983, 82, 299.

1204   Shrivastava, B. D.; Jain, R. K. Indian J. Pure Appl. Phys., 1981, 19, 762.

1205   Shrivasrava, B. D.; Landge, P. R. Nuovo Cimento B, 1979, 49, 118.

1206   Shulman, R. G. Trends Biochem. Sci., 1978, 3, N, 282.

1207   Shulman, R. G.; Eisenberger, P.; Blumberg, W. E.; Stombaugh, N. A. Proc. Nat. Acad. Sci. USA, 1975, 72, 4002.

1208   Shulman, R. G.; Eisenberger, P.; Kincaid, B. M. Ann. Rev. Biophys. Bioeng., 1978, 7, 559.

1209   Shulman, R. G.; Eisenberger, P.; Teo, B. K.; Kincaid, B. M.; Brown, G. S. J. Mol. Biol., 1978, 124, 305.

1210   Shulman, R. G.; Sugano, S. Phys. Rev., 1963, 130, 506.

1211   Shulman, R. G.; Yafet Y.; Eisenberger, P.; Blumberg, W. E. Proc. Natl. Acad. Sci. USA, 1976, 73, 1384.

1212   Siddons, D. P.; Hart, M. Springer Ser. Chem. Phys., 1983, 27, 373.

1213   Siegel, J., D. Dill, and J. L. Dehmer, 1976, J. Chern. Phys. 64, 3204.

1214   Silver, B. L.(1998) The Ascent of Science, p.379. New York: Oxford University Press. The story was also found at a few web sites.

1215   Sinfelt, J. H. J. Catal., 1973, 29, 308.

1216   Sinfelt. J. H.; Via, G. H.; Lytle, F. W. Catal. Rev., 1984, 26, 81.

1217   Sinfelt. J. H.; Via, G. H.; Lytle, F. W. J. Chem. Phys., 1978, 68, 209.

1218   Sinfelt. J. H.; Via, G. H.; Lytle, F. W. J. Chem. Phys., 1980, 72, 4832.

1219   Sinfelt. J. H.; Via, G. H.; Lytle, F. W. J. Chem. Phys., 1982, 76, 2779.

1220   Sinfelt. J. H.; Via, G. H.; Lytle, F. W.; Greegor, R. B. J. Chem. Phys., 1981, 75, 5527.

1221   Singh, H.; Garg, K. B. Proc. Nucl. Phys. Solid State Phys. Symp. C, 1982, 24, 151.

1222   Singh, K. K.; Sarode, P. R.; Ganguly, P. J. Chem. Soc., Dalton Trans., 1983, 1895.

1223   Skriver, H. L., 1984, The LMTO Method. Muffin − tin Orbitals and Electronic Structure(Springer − Verlag, Berlin).

1224   Slater, J. C. "Quantum Theory of Molecules and Solids", McGraw Hill, New York, 1974.

1225   Slater, J. C. Phys. Rev., 1951, 81, 385; 82, 538.

1226   Slater, J. C.; Mann, J. B.; Wilson, T. M.; Wood, J. H. Phys. Rev., 1969, 184, 672.

1227   Slater, J. C.; Wilson, T. M.; Wood, J. H. Phys. Rev., 1969, 179, 28.

1228   Slater, J. C.; Wood, J. H. Inter. J. Quantum Chem., 1971, 4, 3.

1229   Smith, D. A.; Heeg, M. J.; Heineman, W. R.; Elder, R. C. J. Am. Chem. Soc., 1984, 106, 3053.

1230   Sokolenko, V. I.; Zhurakovskii, E. A.; Sokolenko, A. I. Dopov.

Akad. Nauk Ukrsr. A, USSR, 1979, 3, 209.

1231 Somorjai, G. A. "Chemistry in Two Dimensions: Surfaces", Cornell University, Ithaca, 1981, p.41.

1232 Somorjai, G. A.; Farrell, H. H. Advan, Chem, Phys., 1971, 0, 215

1233 Spicer, W. E.; Lindau, I.; Helms, C. R. Res. Develop., 1977, 28, 20.

1234 Spieker, P.; Ando, M.; Kamiya, N. Nucl. Instrum. Methods Phys. Res. A, 1984, 222, 196.

1235 Spira, D. J.; Co. M. S.; Solomon, E. I.; Hodgson, K. O. Biochem. Biophys. Res. Commun., 1983, 112, 746.

1236 Spiro, C. L.; Wong, J.; Lytle, F. W.; Greegor, R. B.; Maylotte, D. H.; Lamson, S. H. Science, 1984, 226, 48.

1237 Spiro, T. G.; Brown, J. M.; Larrabee, J. A.; Powes, L.; Kincaid, B. in "Oxidases Relat. Redox Syst", King, T. E.; Mason, H. S.; Morrison, M., ed., Pergamon, New York, 1982, p.291.

1238 Spiro, T. G.; Wollery, G. L.; Brown, J. M.; Powes, L.; Winkler, M E.; Solomon, E. I. in "Copper Coord. Chem.; BioChem. Inorg. Perspect", karlin K. D.; Zubieta, J., ed., Adenine Press: Guilderland, N.Y., 1983, p.23.

1239 Srivastava, K. S.; Harsh, O. K.; Kumar, V. Phys. Status Solidi B, 1979, 91, K169.

1240 Srivastava, K. S.; Kumar, V. J. Phys. Chem. solids, 1981, 42, 275.

1241 Srivastava, K. S.; Kumar, V.; Harsh, O. K. Indian J. Pure Appl. Phys., 1981, 19, 398.

1242 Srivastava, K. S.; Shrivastava, R. L.; Harsh, O. K.; Kumar, V. J. Phys. Chem. Solids, 1979, 40, 489.

1243 Srivastava, U. C. Indian J. Pure Appl, Phys., 1978, 16, 114.

1244 Srivastava, U. C. Indian J. Pure Appl, Phys., 1980, 18, 258.

1245 Srivastava, U. C.; Nigam, H. L. Coord. Chem. Rev., 1972 − 1973,

9. 275.

1246   Stearns, D. G. Philos. Mag. B, 1984, 49, 541.

1247   Stearns, D. G.; Stearns, M. B. Phys. Rev. B, 1983, 27, 3842.

1248   Stearns, M. b. Phys. Rev. b, 1982, 25, 2382.

1249   Stern, E.(1974) Phys. Rev. B10, 3027 − 3037.

1250   Stern, E. A. AIP Conf. Proc., 1980a, 61, 197.

1251   Stern, E. A. Contemp. Phys. 1978, 19, 289.

1252   Stern, E. A. Daresbury Lab(Rep.), 1981b, DL/SCI/R17, 40.

1253   Stern, E. A. ed., "Laboratory EXAFS Facilities − 1980", AIP Conf. Proc., 1980c, 64, 165.

1254   Stern, E. A. in "Anal. Electron Microsc", Geiss, R. H., ed., San Francisco Press, San Francisco, Calif., 1981a, p.225.

1255   Stern, E. A. J. Vac. Sci. Technol., 1977, 14, 461.

1256   Stern, E. A. Optik, 1982a, 61, 45.

1257   Stern, E. A. Phys. Rev. B, 1974, 10, 3027.

1258   Stern, E. A. Phys. Rev. Lett., 1982b, 49, 1353.

1259   Stern, E. A. Sci. Amer., 1976, 96.

1260   Stern, E. A., B. A. Bunker, and S. M. Heald, 1980, Phys. Rev. B, 21, 5521.

1261   Stern, E. A., D. E. Sayers, and F. W. Lytle, 1975, Phys. Rev. B, 11, 4836. Stohr, J., 1992, NEXAFS Spectroscopy(Springer, Heidelberg).

1263   Stern, E. A.; Bouldin, C. E.; Von Roedern, B.; Azoulay, J. Phys. Rev. B, 1983, 27, 6557.

1264   Stern, E. A.; Bunker, B. A.; Heald, S. M. in "EXAFS Spectroscopy: Techniques and Applications", Teo, B. K., Joy, D. C., ed., Plenum, New York, 1981, p.59.

1265   Stern, E. A.; Bunker, B. A.; Heald, S. M. Phys. Rev. B, 1980, 21, 5521.

1266   Stern, E. A.; Elam, W. T.; Bunker, B. A.; Lu, K. Q.; Heald, S. M. Nucl. Instrum. Methods Phys. Res., 1982, 195, 345.

1267   Stern, E. A.; Heald, S. M. Nucl. Instrum. Methods, 1980, 172, 397.

1268   Stern, E. A.; Heald, S. M. Rev. Sci. Instrum., 1979, 50, 1579.

1269   Stern, E. A.; Heald, S. M.; Bunker, B. Phys. Rev. Lett., 1979, 42, 1372.

1270   Stern, E. A.; Livings P.; Zhang, Z.(1991) Phys. Rev. B, 43(11), 8850 − 8860.

1271   Stern, E. A.; Lu, K. Q. Nucl. Instum. Methods Phys. Res., 1982, 195, 415.

1272   Stern, E. A.; Rinaldi, S.; Callen, E.; Heald, S.; Bunker, B. J. Magn. Magn. Mager, 1978, 7, 188.

1273   Stern, E. A.; Sayers, D. E.; Dash, J. G.; Shechter, H.; Bunker, B. Phys. Rev, Lett., 1977, 38, 767.

1275   Stern, E., Sayers, D. and Lytle, F.(1975) Phys. Rev. B11, 4836 − 4846.

1276   Stern. E. A. AIP Conf. Proc., 1980b, 64, 39.

1277   Stöhr, J. Denley, D.; Perfetti, P. Phys. Rev. B, 1978, 18, 4132.

1278   Stöhr, J. Gland, J. L.; Eberhardt, W.; Outka, D.; Madix, R. J.; Sette, F.; Koestner, R. J.; Doebler, U. Phys. Rev. Lett., 1983, 51, 2414.

1279   Stöhr, J. in "Emission and Scattering Techniques", Day, P., ed., Reidel Publishing Co., 1981a, 213.

1280   Stöhr, J. J. Vac. Sci. Technol., 1979, 16. 37.

1281   Stöhr, J. NATO Adv. Study Inst. Ser. C, 1981b, 73, 213.

1282   Stohr, J., and K. R Bauchspeiss, 1991, Phys. Rev. Lett. 67, 3376.

1283   Stöhr, J.; Bauer, R. S.; McMenamin, J. C.; Johansson, L. I.; Brennan, S. J. Vac. Sci. technol., 1979, 16, 1195.

1284   Stöhr, J.; Jaeger, R. J. Vac. Sci. Technol., 1982a, 21, 619.

1285 Stöhr, J.; Jaeger, R. Phys. Rev. B, 1982b, 26, 4111.

1286 Stöhr, J.; Jaeger, R. Phys. Rev. B, 1983, 27, 5146.

1287 Stöhr, J.; Jaeger, R.; Feldhaus, J.; Brennan, S.; Norman, D.; Apai, G. Appl. Opt., 1989, 19, 3911.

1289 Stöhr, J.; Jaeger, R.; Kendelewicz, T. Phys. Rev. Lett., 1982, 49, 142.

1290 Stöhr, J.; Jaeger, R.; Rossi, G.; Kendelewicz, T.; Lindau, I. Surf. Sci., 1983, 134, 813.

1291 Stöhr, J.; Johansson, L. I.; Brennan, S.; Hecht, M.; Miller, J. N. Phys. Rev. b, 1980, 22, 4052.

1292 Stöhr, J.; Johansson, L. I.; Lindau, I.; Pianetta, P. J. Vac. Sci. Technol, 1979a, 16, 1221.

1293 Stöhr, J.; Johansson, L. I.; Lindau, I.; Pianetta, P. Phys. Rev. B, 1979b, 20, 664.

1294 Stöhr, J.; Noguera, C.; Kendelewicz, T. Phys. Rev. B, 1984, 30, 5571.

1295 Stöhr, J.; Sette, F.; Johnson, A. L. Phys. Rev. Lett., 1984, 53, 1684.

1296 Stoller, Ch.; Wölfli, W.; Bonani, M.; Stöckli, M.; Suter, M. Phys. Lett. A, 1976, 58, 18.

1297 Stout, C. D.; Ghosh, D.; Pattabhi, V.; Robbins, A. H. J. Bio. Chem., 1980, 255, 1797.

1298 Stout, G. H.; Jensen, L. H. "X − Ray Structure Determinatioin", Macmillan, New York, 1968.

1299 Stucky, G. D.; Iton, L.; Morrison, T.; Shenoy, G.; Suib, S.; Zerger, R. P. J. Mol. Catal., 1984, 27, 71.

1300 Stuhrmann, H. B. Quarter, Rev. Biophy. 1978, 11, 71.

1301 Stults, B. R.; Friedman, R. M.; Koenig, K.; Knowles, W.; Greegor, R. B.; Lytle, F. W. J. Am. Chem. Soc., 1981, 103, 3235.

1302   Stumm von Bordwehr, R. 1989, Ann. Phys.(Paris) 14, 377.

1303   Stumm von Bordwehr, R. 1989, Ann. Phys. Fr. 14, 377 − 466.

1304   Stutius, W.; Boyce, J. B.; Mikkelsen, J. C., Jr. Solid State Commun., 1979, 31, 539.

1305   Sugiura, C. J. Chem. Phys., 1981, 74, 215.

1306   Sugiura, C. J. Chem. Phys., 1982, 77, 681.

1307   Suib, S. L.; Zerger, R. P.; Stucky, G. D.; Morrison, T. I.; Shenoy, G. K. J. Chem. Phys., 1984, 80, 2203.

1308   Sukhorukov, V. L.; Demekhina, L. A.; Yavna, V. A.; Demekhin, V. F. Fiz. Tverd. Tela(Leningrad), 1979, 21, 2976.

1309   Tanabe, S.; Ida, T.; Tsuiki, H.; Ueno, A.; Kotera, Y.; Tohji, K.; Udagawa, Y. Chem. Lett., 1984, 1271.

1310   Tanabe, S.; Ueno, A.; Tohji, K.; Udagawa, Y. Chem. Lett., 1983, 1089.

1311   Tang, C.; Georgopoulos, P.; Cohen, J. B. J. Am. Ceram. Soc., 1982, 65, 625.

1312   Taniguchi, K.; Yamaki, N.; Ikeda, S. Jpn. J. Appl, Phys., Part 1, 1984, 23, 909.

1313   Taniguchi, K.; Oka, K.; Yamaki, N.; Ikeda, S. Adv. X − Ray Anal, 1981, 24, 177.

1314   Tanuma, S., C. J. Powell, and D. R. Penn, 1993, Surf. Interface Anal. 20, 77.

1315   Taylor, J. M.; McMillan, P. W. in "Struct. Non − Cryst. Mater", Proc. 2nd. Int. Conf., Gaskell, P. H.; Parker, J. M.; Davis, E. A., ed., Tayor & Francis: London, 1983, p.589.

1316   Teo, B. K. Acc. Chem. Res., 1980, 13, 412.

1317   Teo, B. K. in "EXAFS Spectroscopy: Techniques and Applications", Teo, B. K., Joy, D. C., ed., Plenum, New York, 1981b, p.13.

1318   Teo, B. K. in "New Frontiers in Organometallic and Inorganic Chemistry", Huang, Y., Yamamoto, A., Teo, B. K., ed., Science Press, Beijing China, 1984, p.341.

1319   Teo, B. K. J. Am. Chem. Soc., 1981a, 103, 3990.

1320   Teo, B. K. Springer Ser. Chem. Phys., 1983, 27, 11.

1321   Teo, B. K.; Antonio, M. R.; Averill, B. A. J. Am. Chem. Soc., 1983, 105, 3751.

1322   Teo, B. K.; Antonio, M. R.; Coucouvanis, D.; Simhon, E. D.; Stremple, P. P. J. Am. Chem. Soc., 1983, 105, 5767.

1324   Teo, B. K.; Averill, B. A. Biochem. Biophys. Res. commun., 1979, 88, 1454.

1325   Teo, B. K.; Chen, H. S.; Wang, R.; Antonio, M. R. J. Non − Cryst. Solids, 1983, 58, 249.

1326   Teo, B. K.; Eisenberger, P.; Kincaid, B. M. J. Am. Chem. Soc., 1978, 100, 1735.

1327   Teo, B. K.; Eisenberger, P.; Reed, J.; Barton, J. K.; Lippard, S. J. J. Am. Chem. Soc., 1978, 100, 3225.

1328   Teo, B. K.; Joy, D. C., ed., "EXAFS Spectroscopy: Techniques and Applications", Plenum, New York, 1981.

1329   Teo, B. K.; Kijima, K.; Bau, R. J. Am. Chem. Soc., 1978, 100, 621.

1330   Teo, B. K.; Lee, P. A. J. Am. Chem. Soc., 1979, 101, 2815.

1331   Teo, B. K.; Lee, P. A.; Simosn, A. L.; Eisenberger, P.; Kincaid, B. M. J. Am. Chem. Soc., 1977, 99, 3854.

1332   Teo, b. K.; Shulman, R. G. in "Iron − Sulfur Biochemistry", Vol.4 of "Metal Ions in Biology", Spiro, T. G., ed., John Wiley & Sons, New York, 1982, p.345.

1333   Teo, B. K.; Shulman, R. G.; Brown, G. S.; Meixner, A. E. J. Am. Chem. Soc., 1979, 101, 5624.

1335   Terauchi, H.; Iida, S.; Tanabe, K.; Kikukawa, K.; Maeda, H.; Hida, M.; Kamijo, N.; J. Phys. Soc. Jpn., 1983, 52, 3700.

1336   Terauchi, H.; Iida, S.; Tanabe, K.; Kikukawa, K.; Maeda, H.; Hida, M.; Kamijo, N.; Yamata. Y. J. Phys. Soc. Jpn., 1983, 52, 4041.

1337   Terauchi, H.; Iida, S.; Tanabe, K.; Maeda, H.; Hida, M.; Kamijo, N.; Takashige, M.; Nakamura, T. J. Phys. Soc. Jpn., 1984, 53, 1598.

1338   Terauchi, H.; Meada, H.; Tanabe, K.; Kamijo, N.; Hida, M.; Takashige, M.; Nakamura, T.; Ozawa, H.; Uno, R. Ferroelectrics, 1981, 37, 599.

1339   Terauchi, H.; Tanabe, K.; Maeda, H.; Hida, M.; Kamijo, N.; Takashige, M.; Nakamura, T.; Ozawa, H.; Uno, R. J. Phys. Soc. Jpn., 1981, 50, 3977.

1340   Theil, E. C.; Sayers, D. E.; Brown, M. A. J. Biol. Chem., 1979, 254, 8132. 1176. Theye, M. L. Rev. Roum. Phys., 1981, 26, 869.

1341   Theye, M. L. Gheorghiu, A.; Launois, H. J. Phys. C, 1980, 13, 6569.

1342   Thoai, D. B. Tran.; Ekardt, W. Solid State Commun., 1981, 40, 269.

1343   Thole, B. T., P. Carra, and G. van der Laan, 1992, Phys. Rev. Lett. 68, 1943.

1344   Thulke, W.; Haensel, R.; Rabe, P. Phys. Status Solidi A, 1983, 78, 539.

1345   Thulke, W.; Haensel, R.; Rabe, P. Rev. Sci. Instrum., 1983, 54, 277.

1346   Thulke, W.; Haensel, R.; Rabe, P. Springer Ser. Chem. Phys., 1983, 27, 409.

1347   Thulke, W.; Rabe, P. J. Phys. C., 1983, 16, L955.

1348   Tohji, K.; Udagawa, Y. Jpn. J. Appl. Phys., Part 1, 1983, 22, 882.

1349   Tohji, K.; Udagawa, Y.; Kawasaki, T.; Masuda, K. Rev. Sci. Instrum., 1983, 54, 1482.

1350   Tohji, K.; Udagawa, Y.; Tanabe, S.; Ida, T.; Ueno, A. J. Am. Chem. Soc., 1984, 106, 5172.

1351   Tohji, K.; Udagawa, Y.; Tanabe, S.; Ueno, A. J. Am. Chem. Soc., 1984, 106, 612.

1352   Tokumoto, M.; Oyanagi, H.; Ishiguro, T.; Shirakawa, H.; Nemot, H,; Matsushita, T.; Ito, M.; Kuroda, H.; Kohra, K. Solid State Comun., 1983, 48, 861.

1353   Tolentino, H., Dartyge, E., Fontaine, A., and Tourillon, G.(1989) Physica B158, 287 − 290. And Physica B158, 317 − 321.

1354   Tolkiehn, G.; Rade, P.; Werner, A. in "Inn − Shell X − Ray Phys. At. Solids", Fabian, D. J.; Kleinpoppen, H.; Watson, L. M., ed., Plenum, New York, N.Y., 1981, p.675.

1355   Topsoe, H.; Candia, R.; Tosoe, N. Y.; Clausen B. S. Bull. Soc. Chim. Belg., 1984, 93, 783.

1356   Torensma, R.; Phillips, J. C. Biochem. J., 1983, 209, 373.

1357   Tranquada, J. M., Ingalls, R. Phys. Rev. B, 1983, 28, 3520.

1358   Tullius, T. D.; Conradson, S. D.; Berg, J. M,; Hodgson, K. O. in "Molybdenum Chem. Biol. Significance", Newton, W. E.; Otsuka, S., ed., Plenum, New York, N.Y., 1980, p.139.

1359   Tullius, T. D.; Frank, P.; Hodgson, K. O. Proc. Natl. Acad. Sci., USA, 1978, 75, 4069.

1360   Tullius, T. D.; Gillum, W. O.; Carlson, R. M. K.; Hodgson, K. O. J. Am. Chem. Soc., 1979, 102, 5670.

1361   Tullius, T. D.; Kurtz, D. M., Jr.; Conradson, S. D.; Hodgson, K. O. J. Am. Chem. Soc., 1979, 101, 2776.

1362   Tyson, T. A., 1994, Phys. Rev. B, 49, 12578.

1363 Tyson, T. A., K. O. Hodgson, C. R. Natoli, and M. Benfatto, 1992, Phys. Rev. B, 46, 5997.

1364 Vaingankar, A. S.; Patil, S. A.; Sahasrabudhe, V. S. Trans. Indian Inst. Met., 1981, 34, 387.

1365 Van Nordstrand, R.(1960) Advances in Catalysis 12, 149 − 187. Van Nordstrand, R.(1967) In Handbook of X − rays edited by E. Kaelble, pp.43 − 1 to 43 − 18, McGraw − Hill.

1366 Van Zon, J. B. A. D.; Koningsberger, D. C.; Van't Blik, H. F. J.; Prins, R.; Sayers, D. E. J. Chem. Phys., 1984, 80, 3914.

1367 Van't Blik, H. F. J.; Van Zon, J. B. A. D.; Huizinga, T.; Vis, J. C.; Koningsberger, D. C.; Prins, R. J. Phys. Chem., 1983, 87, 2264.

1368 Van't Blik, H. F. J.; Van Zon, J. B. A. D.; Koningsberger, D. C.; Prins, R. J. Mol. Catal. 1984, 25, 379.

1369 Vandankar, A. S.; Khasbardar, B. V; Patil, R. N, J. Phys. F. 1979, 9, 2301.

1370 Vanderheyden, J. L.; Ketring, A. R.; Libson, K.; Heeg, M. J.; Roecker, L.; Motz, P.; Whittle, R.; Elder, R. C.; Deutsch, E. Inorg. Chem., 1984, 23, 3184.

1371 Vasin, V. V. Springer Ser. Chem. Phys., 1983, 27, 114.

1372 Vaughan, D. J., J. A. Tossell, and K. H. Johnson, 1974, Geochim. Cosmochim. Acta 38, 993.

1373 Vedrine, J. in "Chem. Phys. Aspects Catal. Oxid", Portefaix, J. L.; Figueras, F., ed., CNRS, Paris, Fr., 1980, p.367.

1374 Vedrinskii, R. V.; Gegusin, I. I.; Datsyuk, V. N.; Novakovich, A. A.; Kraizman, V. L. Phys. Status Solidi B, 1982, 111, 433.

1375 Verdaguer, M.; Michalowicz, A.; GIRERD, J. J.; Berding, N. A.; Kahn, O. Inorg. Vergand, F.; Fargues, D.; Belin, E.; BONNELLE. C. J. Phys. F, 1981, 11, 1887.

1376 Verdaguer, M.; Julve, M.; Michalowicz, A.; Kahn, O. Inorg. Chem., 1983. 22. 2624.

1377 Vernon, S. P.; Stearns, M. B. Phys. Rev. B. 1984, 29, 6968.

1378 Via, G. H.; Meitzner, G.; Lytle, F. W.; Sinfelt. J. H. J. Chem. Phys., 1983, 79, 1527.

1379 Via, G. H.; Sinfelt, J. H.; Lytle, F. W. in "EXAFS Spectroscopy: Techniques and Applications", Teo, B. K. Joy, D. C., ed., 1981, p.159.

1380 Via, G. H.; Sinfelt, J. H.; Lytle, F. W. J. Chem. Phys., 1979, 71, 690.

1381 Via, G. H.; Sinfelt, J. H.; Lytle, F. W.; Greegor, R. B. Prepr? Am. Chem. Soc., Div. Pet. Chem., 1983, 28, 460.

1382 Victoreen, J. A. J. Appl. Phys., 1948, 19, 855.

1383 Vijayavargiya, V. P.; Gupta, S. N.; Pandalia, B. D. Phys. Status Solidi B, 1977, 80, 83.

1384 Vinogradow, A. S.; Dukhnyakov, A. Yu.; Ipatov, V. M.; Onopko, D. E.; Pavlychev, A. A.; Titov, S. A. Fiz. Tverd. Tela(Lwningrad), 1982, 24, 1417.

1385 Vlaic, G.; Bart, J. C. J. Recl. J. R. Neth. Chem. Soc., 1982, 101, 171.

1386 Vlaic, G.; Bart, J. C. J.; Cavigiolo, W.; Michalowicz, A. Springer Ser. Chem. Phys., 1983, 27, 307.

1387 Vlaic, G.; Bart, J. C. J.; Cavigiolo, W.; Mobilio, S.; Navarra, G. Chem. Phys., 1982, 64, 115.

1388 Vlaic, G.; Bart, J. C. J.; Cavigiolo, W.; Mobilio, S.; Navarra, G. Daresbury Lab. Rep. DL/SCI/R17/, 1981a, 133.

1389 Vlaic, G.; Bart, J. C. J.; Cavigiolo, W.; Mobilio, S,; Navarra, G. Z. Naturforsch. A, 1981b, 36, 1192.

1390 Vlaic, G.; Bart, J. C. J.; Cavigiolo, W.; Mobilio, S. Chem. Phys.

Lett., 1980, 76, 453.

1391 von Barth, U., and G. Grossmann, 1982, Phys. Rev. B, 25, 5150.

1392 Vulli, M.; Starke, K. J.; Microsc. Spectrosc. Electron., 1978, 3, 45.

1393 Vvedensky, D. D., D. K. Saldin, and J. B. Pendry, 1986, Comput. Phys. Cornrnun. 40, 421.

1394 Wagner, C. D., L. E. Davis, and W. M. Riggs, 1980, Surf. Interface Anal. 2, 53.

1395 Walter, B. Fortschr. Rontgenstr., 1927, 35, 929, 1308.

1396 Waseda, Y. "The Structure of Non − Crystalline Materials", McGraw Hill, New York, 1980.

1397 Watanabe, T.; Ishizuka, H.; Kuramoto. Y.; Horie, C. J. Phys. Soc. Jpn, 1980, 49, 299.

1398 Watson, R. E.; Perlman, M. L. Science, 1978, 199, 1295.

1399 Waychunas, G. A. J. Mater. SCI., 1983, 18, 195.

1400 Waychunas, G. A.; Rossman, G. R. Phys. Chem. Miner, 1983, 9, 212.

1401 Weber, W. M. Phys. Lett. A., 1980, 78, 51.

1402 Weber, W. M. Phys. Status Solidi B, 1979, 91, 669.

1403 Weber, W.; Peisl, J. in "proceedings of the Yamada Conference V on Point Defect Interactions in Metals", Takamura, J. I.; Doyama, M.; Kiritani, M., ed., Univ. Tokyo Press, Tokoy, Japan, 1982, p.368.

1404 Weber, W.; Peisl, J. phys. Rev. B, 1983, 28, 806.

1405 Wende, H., P. Srivastava, R. Chauvistre, F. May, K. Baberschke, D. Arvanitis, and J. J. Rehr, 1997, J. Phys.: Condens. Matter 9, L427.

1406 Wendin, G. Springer Ser. Chem. Phys., 1983, 27, 29.

1407 Wentzel, G.(1921) Ann. Phys. 66, 437 − 462.

1408 Wenzel, L., D. Arvanitis, H. Rabus, T. Lederer, K. Barberschke, and G. Comelli, 1990, Phys. Rev. Lett. 64, 1765.

1409   Werner, A.; Hochheimer, H. D.; Lengeler, B. Rev. Sci. Instrum., 1982, 53, 1467.

1410   Werner, A.; Hochheimer, H. D.; Lengeler, B. Solid state commun., 1983, 45, 1035.

1411   Wesner, D.; Krummacher, S.; Carr, R.; Sham, T. K.; Strongin, M.; Eberhardt, W.; Weng, S. L.; Williams, G.; Howells, M.; et al. phys. Rev. B, 1983, 28, 2152.

1412   Westre, T. E., A. D. Cicco, A. Filipponi, C. R. Natoli, B. Hedman, E. I. Solomon, and K. O. Hodgson, 1995, J. Am. Chem. Soc. 117, 1566.

1413   White, J. M. Science, 1982, 218, 429.

1414   Wigner, E. P., and F. Seitz, 1934, Phys. Rev. 46, 509.

1415   Wilkinson, D. H. "Ionization Chambers and Counters", Cambridge University Press, Cambridge, U. K. 1950.

1416   Williams, A. R.; Johnson, W. L. Patent US4446568A, 1984.

1417   Williams, A. Rev. Sci. Instrum., 1983, 54, 193.

1418   Williams, R. S.; Denley, D.; Shirley, D. A.; Stohr, J. J. am. Chem. Soc., 1980, 102, 5717.

1419   Winick, H.; Bienenstock, A. ZAnn. Rev. Nucl. Part. Sci., 1978, 28, 33.

1420   Winick, H.; Doniach, S. "Synchrtron Radiation Research", Plenum, New York, 1980.

1421   Wolff, T. E.; Berg, J. M.; Hodgson, K. O.; Frankel, R. B.; Holm, R. H. J. Am. Chem. Soc., 1979, 101, 4140.

1422   Wolff, T. E.; Berg, J. M.; Warrick, C.; Hodgson, K. O.; Holm, R. H.; Frankel, R. B. J. Am. Chem. Soc., 1978, 100, 4630.

1423   Wolfli, W.; Stoller, Ch.; Bonani, G.; Suter, M.; Stockli, M. Phys. Rev. Lett., 1975, 35, 656.

1424   Wong, J. in "Glassy Metals. Part I. Ionic Structure, Electronic

Transport, and Cryatallization." Guntherodt, H. J.; Beck, H., ed., Springer—Verlag, Berlin, 1981, p.45.

1425   Wong, J. in "Topics in Applied Physis", Guntherodt, G. J., Beck, H., ed., Springer, New York, 1981, 46, p.45.

1426   Wong, J. Proc. Soc. Photo—Opt. Instrum, Eng., 1980b, 204, 44.

1427   Wong, J. Springer Ser. Chem. Phys., 1983, 27, 280.

1428   Wong, J.; Liebermann, H. H. Phys. Rev. B, 1984, 29, 651.

1429   Wong, J.; Lytle, F. W. J. Appl. Phys. 1980a, 51, 280.

1430   Wong, J.; Lytle, F. W. J. Non—Cryst. Solids, 1980b, 37, 273.

1431   Wong, J.; Lytle, F. W.; Greer, R. B.; Liebermann, H. H.; Walter, J. L.; Luborsky, F. E. in "Rapidly Quenched Met", Vol.2, Cantor, B., ed., Met. Soc., London, England, 1978, p.345.

1432   Wong, J.; Lytle, F. W.; Liebermann, H. H.; Tanner, L. E. in "Proc. —conf. Met. Glasses; Sci. Technol", Hargitai, C., Bakonyi, I., Kemeny, T., ed., 1981, 1, p.383.

1433   Wong, J.; Lytle, F. W.; Messmer, R. P.; Maylotte, D. H. Springer Ser. Chem. Phys., 1983, 27, 130.

1434   Wong, J.; Maylotte, D. H.; Lytle, F. W.; Greeger, R. B.; St. prters, R. L. Springer Ser. Chem. Phys., 1983, 27, 206.

1435   Wong, J.; Maylotte, D. H.; St. Peters, R. L.; Lytle, F. W.; Greeger, R. B. in "Process Mineral." Hagni, R. D., ed., Metall, Soc. AIME, Warrendale, Pa., 1982, p.335.

1436   Wong, J.; Rao, K. J. Solid State Commun., 1983, 45, 853.

1437   Woodruff, D. P. Chem. Ind.(London), 1981a, 171.

1438   Woodruff, D. P. Vacuum, 1981b, 31, 399.

1439   Woodruff, D. P. Vide Couches Minces, 1983, 38, 189.

1440   Woodruff, D. P.; Jones, R. G. Daresbury Lab. Rep. DL: SCI/R17, 1981, 101.

1441   Woolery, G. L.; Powers, L.; Peisach, J.; Spiro, T. G. Biochemistry, 1984, 23, 3428.

1442   Woolery, G. L.; Powers, L.; Winkler, M.; Solomon, E. I.; Lerch, K.; Spiro, T. G. Biochim. Biophys. Acta, 1984, 788, 155.

1443   Woolery, G. L.; Powers, L.; Winkler, M.; Solomon, E. I.; Spiro, T. G. J. Am. Chem. Soc., 1984, 106, 86.

1444   Yaakobi, B.; Deckman, H.; Bourke, P.; Letzring, S.; Soures, J. M. Appl. Phys. Lett., 1980, 37, 767.

1445   Yachandra, V.; Powers, L.; Spiro, T. G. J. Am. Chem, Soc., 1983, 105, 6596.

1446   Yamaguchi, T.; Lindqvist, O.; Boyce, J. B.; Claeson, T. Acta Chem. Scand. A, 1984, 38, 423.

1447   Yamaguchi, T.; Lindqvist, O.; Claeson, T.; Boyce, J. B. Chem. Phys. Lett., 1982, 93, 528.

1448   Yang, D. − S.(2001), Journal of Synchrotron Radiation, Vol.8, 229 − 231.

1449   Yang, D. − S.; Fazzini, D. R.; Morrison, T. I.; Troeger, L.; Bunker, G., Journal of Non − crystalline Solids, 210(1997) 275 − 286.

1450   Yang, D. − S.; Park, H. − M.; Nakai, I.(2005), Physica Scripta. Vol.T115, 240 − 242.

1451   Yang, D. − S.; Bunker, G.(1996), Physical Review B, 54(5), 3169 − 3172.

1452   Yang, D. − S.; Joo, S. − K.(1998), Solid State Communications, Vol.105, No.9, 595 − 599.

1453   Yang, D. − S.; Joo, S. − K.; Hilbrandt, N.(1998), Journal of the Korean Physical Society, 33(1), 59 − 65.

1454   Yang, D. − S.; Kim, N.; Yoo, Y. − G.; Yu, S. − C.(2008), Physica Status Solidi(a), 205(8), 1766 − 1799.

1455   Yang, D. − S.; Lee, J. − M.(2005), Physica Scripta. Vol.T115, 200 −
       201.

1456   Yarusso, D. J.; Cooper, S. L.; Knapp, G. S.; Georgopoulos, P. J.
       Polym. Sci., 1980, 18, 557.

1457   Yarusso, D. J.; Knapp, G. S.; Georgopoulos, P.; Cooper, S. L.
       Polym. Prepr., Am. Chem. Soc., 1980, 21, 78.

1458   Yates, J. T. Chem. & Eng. News, 1974, 19.

1459   Yigarashi, M.; Fujikawa, T. J. Electron Spectrosc. Relat. Phenom.,
       1984, 33, 347.

1460   Yokoyama, T.; Ohta, T.; Sato, H.(1997), Phys. Rev. B, 55(17), 1 − 10.

1461   Yokoyama, T.; Yamazaki K.; Kosugi, N.; Kuroda, H.; Ichikawa,
       M.; Fukushima, T. J. Chem. Soc., Chem. Commun., 1984, 15, 962.

1462   Zabinsky, S. I, J. J. Rehr, A. Ankudinov, R. C. Albers, and M. J.
       Eller, 1995, Phys. Rev. B, 52, 2995.

1463   Zangwill, A., and P. Soven, 1980, Phys. Rev. A, 21, 1561.

1464   Ziman, J. M., 1971, Principles of the Theory of Solids(Cambridge
       University, Cambridge, England).

1465   Zunger, A.; Jaffe, J. E. Phys. Rev. Lett., 1983, 51, 662.

〈부록 6〉 EXAFS 관련 정보

EXAFS 관련 서적

[1] Prins Koningsberger, "X − ray Absorption:Principles, Application, Techniques of EXAFS, SEXAFS and XANES", John Wiley & Sons, Inc.1988.

[2] Boon K. Teo, "EXAFS:Basic principles and data analysis", Springer − Verlag, 1986.

[3] Macgillavry, C. H.; Rieck G. D.; Lonsdale, K., "International Tables for X − ray Crystallography", D. Reidel Publishing Company, Dordrecht/Boston / Lancaster/Tokyo, 1985.

[4] Iwasawa, Y. "X − ray Absorption Fine Structure for Catalysts and Surfaces", World Scientific, Singapore/New Jersey/London/HongKong, 1996.

[5] Hedman B.; Pianetta, P., "X − ray Absorption Fine Structure − XAFS 13". AIP conference Proceedings 882, 2006.

[6] Martensson, N.; Arvanitis, D.; Karis, D., "12th X − ray Absorption Fine Structure International Conference(XAFS 12)", Physica Scripta, Vol.T115, 2003.

[7] Bianconi, A.; Incoccia, L.; Stipcich, S., "EXAFS and Near Edge Structure", Proceedings of the International Conference, Springer − Verlag, Berlin/Heidelberg/NewYork/Tokyo, 1983.

[8] 石井忠男, EXAFSの 基礎, 裳華房, 1994.

[9] 구양모 · 신남수, "X − 선 과학과 응용", 아진, 2000.

[10] 이동녕 · 신현준, "방사광과학입문", 청문각, 2002.

EXAFS 관련 Websites

http://www.exafsco.com

http://ixs.csrri.iit.edu/people/index.html

http://ixs.csrri.iit.edu/IXS/catalog/XAFS_Programs

http://leonardo.phys.washington.edu/feff/

http://leonardo.phys.washington.edu/uwxafs/

http://ixs.csrri.iit.edu/~papers/

http://www.csrri.iit.edu/periodic-table.html

http://gbxafs.phys.iit.edu/synchrotron.sites.html

http://www.ukesca.org/tech/exafs.html

FEFF version별 update

v3: Single scattering, Muffin tin potential. single shell

v4: Single scattering, Muffin tin potential. multiple shells

v5: Multiple scattering, Muffin tin potential.

v6: Multiple scattering, Muffin tin potential, XANES with polarization.

v7: Fully relativistic multiple scattering, XANES with polarization Dirac-Fock atomic potentials and improved self-energies.

v8: Full multiple scattering XANES and self consistent potentials. improved treatment of Debye-Waller factors.

찾아보기

양동석 ————————————————————————————

▎약 력

1994년 미국 일리노이스공대(IIT) 물리학 박사학위 취득
1998년 경동대학교 전임강사
2004년 충북대학교 부교수
2002-2007년 한국방사광이용자협의회 XAFS 분야 전문위원

초판인쇄 | 2009년 9월 14일
초판발행 | 2009년 9월 14일

지은이 | 양동석
펴낸이 | 채종준
펴낸곳 | 한국학술정보㈜
주 소 | 경기도 파주시 교하읍 문발리 파주출판문화정보산업단지 513-5
전 화 | 031) 908-3181(대표)
팩 스 | 031) 908-3189
홈페이지 | http://www.kstudy.com
E-mail | 출판사업부 publish@kstudy.com

등 록 | 제일산-115호(2000. 6. 19)
가 격 | 25,000원

ISBN 978-89-268-0385-1 93420 (Paper Book)
      978-89-268-0386-8 98420 (e-Book)

내일을여는지식 은 시대와 시대의 지식을 이어 갑니다.